Tutti i testi, le immagini e le fotografie contenute in questo libro sono di proprietà esclusiva di Stefano Benedetti. La riproduzione, anche se parziale, è vietata con qualsiasi mezzo se non è autorizzata in forma manoscritta dall'autore. Tutti i diritti riservati 2016. (All rights reserved 2016). L'immagine di copertina è di Stefano Benedetti.

Indice

Osservazioni iniziali di base	pag. 4
Il numero più grande a tre cifre	pag 9
1089, un particolare multiplo	pag. 10
Tabelline e non solo	pag. 17
Serie decimali	pag. 26
Le potenze del nove	pag. 37
Somma di potenze	pag. 42
Il massimo comune divisore e il nove	pag. 48
La combinazione e la classe	pag. 55
Il nove è un numero quadrato	pag. 61
Le funzioni e il numero nove	pag. 68
Altre curiosità e conclusioni	pag. 80
Altri libri pubblicati dall'autore	pag. 84

Osservazioni iniziali di base

Se si prende la serie dei numeri naturali e partendo dal 2 si sommano tre a tre, si ottiene una serie a passo 9 (cioè la distanza tra gli elementi è 9) e i numeri che la compongono sono multipli di 9 e la somma delle cifre di ogni numero da 9.

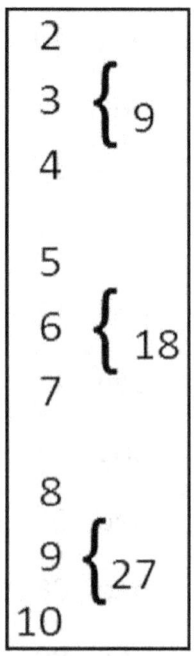

Come vedete in figura si ottengono numeri che sono multipli di 9 (27/9=3 18/9=2) e le somme delle cifre che compongono il numero fanno 9 o un multiplo di 9 la cui somma delle cifre da 9 (27-2+7=9). Infatti, proseguendo nella serie oltre il 27 si arriva a 999 la cui somma delle cifre è 27, riconducibile come abbiamo visto a 9. Vediamo l'inizio della serie: 9-18-27-36-45-54-63-72-81-90-99-108-117...

La differenza tra un elemento maggiore e uno minore dà come risultato un elemento della serie (ad esempio 99-18=81). In particolare se si prendono gli elementi per centinaia e si esegue la differenza tra l'ultimo e il primo, poi tra il penultimo e il secondo e così via, si ottiene una nuova serie che ha gli elementi uguali a quelli della prima centinaia.

Vediamo in particolare.

Serie fino alla quarta centinaia.

9	18	27	36	45	54	63	72	81	90
99	108	117	126	135	144	153	162	171	180
189	198	207	216	225	234	243	252	261	270
279	288	297	306	315	324	333	342	351	360
369	378	387	396	405					

Per la prima centinaia abbiamo:

99-9=90   81-18=63   72-27=45   63-36=27   54-45=9

I numeri ottenuti della prima centinaia sono evidenziati In grassetto sottolineato.

<u>9</u> 18 **<u>27</u>** 36 **<u>45</u>** 54 **<u>63</u>** 72 81 **<u>90</u>** 99

Per la seconda centinaia abbiamo:

198-108=81   189-117=72   180-126=54   171-135=36   162-144=18

I numeri ottenuti della prima centinaia sono evidenziati In grassetto sottolineato.

9 **<u>18</u>** 27 **<u>36</u>** 45 **<u>54</u>** 63 **<u>72</u>** **<u>81</u>** 90 99

Per la terza centinaia abbiamo:

297-207=90   288-216=72   279-225=54   270-234=36   261-243=18

I numeri ottenuti della prima centinaia sono evidenziati In grassetto sottolineato.

9 **<u>18</u>** 27 **<u>36</u>** 45 **<u>54</u>** 63 **<u>72</u>** 81 **<u>90</u>** 99

Per la quarta centinaia abbiamo:

396-306=90   387-315=72   378-324=54   369-333=36   360-342=18

I numeri ottenuti della prima centinaia sono evidenziati In grassetto sottolineato.

9 **18** 27 **36** 45 **54** 63 **72** 81 **90** 99

Questo fatto si verifica per qualsiasi gruppo di 100 che si prende.

La differenza tra l'ultimo numero delle centinaia e quello centrale fa sempre 45 che è l'elemento centrale della prima serie delle centinaia.

Prima centinaia 99-54=45

Seconda centinaia 198-153=45

Terza centinaia 297-252=45

E così via.

Se si prendono, partendo dal 2, i numeri della serie naturali 6 a 6 si ottiene una serie a passo 36 (multiplo di 9 e la cui somma delle cifre fa 9).

Se si prendono i numeri della serie naturale, partendo da 1, 10 a 10 e si moltiplicano fra loro, si ottiene un numero che è multiplo di 9 e le cui cifre sommate danno un multiplo di 9 che a sua volta ha le cifre la cui somma è riconducibile a 9.

Ad esempio prendiamo i primi 10 numeri. Il prodotto fa 3628800. Se si divide per 9, si ottiene un numero intero quindi è divisibile per 9, esattamente, cioè è un multiplo. Se sommiamo le cifre del numero, abbiamo 3+6+2+8+8+0+0=27 da cui 2+7=9.

Vediamolo in tabella fino a 40.

Serie	Prodotto di 10 numeri	Divisibile per 9 e somma cifre riconducibile a 9
1-10	3628800,00	403200,00
2-11	39916800,00	4435200,00
3-12	239500800,00	26611200,00
4-13	1037836800,00	115315200,00
5-14	3632428800,00	403603200,00
6-15	10897286400,00	1210809600,00
7-16	29059430400,00	3228825600,00
8-17	70572902400,00	7841433600,00
9-18	158789030400,00	17643225600,00
10-19	335221286400,00	37246809600,00
11-20	670442572800,00	74493619200,00
12-21	1279935820800,00	142215091200,00
13-22	2346549004800,00	260727667200,00
14-23	4151586700800,00	461287411200,00
15-24	7117005772800,00	790778419200,00
16-25	11861676288000,00	1317964032000,00
17-26	19275223968000,00	2141691552000,00

18-27	30613591008000,00	34015101120000,00
19-28	47621141568000,00	52912379520000,00
20-29	72684900288000,00	80761000320000,00
21-30	109027350432000,00	121141500480000,00
22-31	160945136352000,00	178827929280000,00
23-32	234102016512000,00	260113351680000,00
24-33	335885501952000,00	373206113280000,00
25-34	475837794432000,00	528708660480000,00
26-35	666172912204800,00	740192124672000,00
27-36	922393263052800,00	1024881403392000,00
28-37	1264020397516800,00	1404467108352000,00
29-38	1715456253772800,00	1906062504192000,00
30-39	2306992893004800,00	2563325436672000,00
31-40	3075990524006400,00	3417767248896000,00
32-41	4068245531750400,00	4520272813056000,00
33-42	5339572260422400,00	5932858067136000,00
34-43	6957624460550400,00	7730693845056000,00
35-44	9003984596006400,00	10004427328896000,00
36-45	11576551623436800,00	12862835137152000,00

37-46	14792260407724800,00	1643584489747200,00
38-47	18790168626028800,00	2087796514003200,00
39-48	23734949843404800,00	2637216649267200,00
40-49	29820834418636800,00	3313426046515200,00

Il numero più grande a tre cifre

Cominciamo col dire che il numero più grande che si può scrivere con tre cifre è $(9^9)^9$.

Per chi non conosce le potenze si può dire semplicemente che la notazione indica quante volte si deve moltiplicare il numero per se stesso.

Così la notazione 9^9 corrisponde a questa operazione: 9*9*9*9*9*9*9*9*9 = 387.420.489.

La parentesi indica che il numero ottenuto deve essere elevato a 9.

Quindi, non confondetevi non significa 999 oppure 9^{99}.

Purtroppo non posso mostrarvi il risultato perché il numero che si ottiene è composto da 369.693.100 cifre. Se usassi questi caratteri per scriverlo in questo libro, occuperebbe circa 1482 Km!

1089, un particolare multiplo

La prima curiosità riguarda il fatto che tutti i numeri a 3 cifre che non sono bifronti danno luogo al numero 1089 (multiplo di 9 e la cui somma delle cifre conduce a 9 (1+0+8+9=18 -1+8=9)).

Si procede in questa maniera.

Prendiamo il numero 722 e leggiamolo partendo da destra. Otteniamo il numero 227. Sottraiamo dal maggiore il minore 722-227 e otteniamo il numero 495. Leggiamo questo numero da destra e otteniamo il numero 594. Sommiamo 594 a 495 e otteniamo 1089.

Questa procedura è valida e fornisce lo stesso risultato per numeri a tre cifre non bifronti.

Vediamo in una tabella i numeri da 100 a 150.

Tenete conto leggendola che lo 0 è una cifra significativa, quindi nel risultato della sottrazione deve comparire e successivamente utilizzato. Ad esempio se il risultato è 99 questo deve essere scritto come 099. Nella tabella sono stati omessi i seguenti numeri perché bifronti: 101-111-121-131-141. Le intestazioni delle colonne hanno il seguente significato:

N = Numero iniziale

NR = Il numero iniziale letto da destra a sinistra

N-NR = La differenza tra N e NR

ROV N-NR = Il risultato di N-NR è stato rovesciato

SOMMA = La somma di N-NR con ROV N-NR

N	NR	N-NR	ROV N-NR	SOMMA
100	001	099	990	1089
102	201	099	990	1089
103	301	198	891	1089
104	401	297	792	1089
105	501	099	990	1089
106	601	495	594	1089
107	701	594	495	1089
108	801	693	396	1089
109	901	792	297	1089
110	011	099	990	1089
112	211	099	990	1089
113	311	198	891	1089
114	411	297	792	1089
115	511	396	693	1089
116	611	495	594	1089
117	711	594	495	1089
118	811	693	396	1089
119	911	792	297	1089
120	021	099	990	1089
122	221	099	990	1089
123	321	198	891	1089
124	421	297	792	1089
125	521	396	693	1089
126	621	495	594	1089
127	721	594	495	1089
128	821	693	396	1089
129	921	792	297	1089
130	031	099	990	1089
132	231	099	990	1089

N	NR	N-NR	ROV N-NR	SOMMA
133	331	198	891	1089
134	431	297	792	1089
135	531	396	693	1089
136	631	495	594	1089
137	731	594	495	1089
138	831	693	396	1089
139	931	792	297	1089
140	041	099	990	1089
142	241	099	990	1089
143	341	198	891	1089
144	441	297	792	1089
145	541	396	693	1089
146	641	495	594	1089
147	741	594	495	1089
148	841	693	396	1089
149	941	792	297	1089
150	051	099	990	1089

Se applichiamo il procedimento ai numeri a due cifre invece che 1089 otteniamo il numero 99 (che è un multiplo di 9 e la somma delle cifre riconduce a 9). Anche in questo caso è valida per tutti i numeri tranne quelli bifronti. Sono stati esclusi quindi i seguenti numeri: 11-22-33-44-55-66-77-88-99. I significati delle intestazioni delle colonne della tabella è uguale a quella precedente.

Vediamoli da 10 a 99.

N	NR	N-NR	ROV N-NR	SOMMA
10	01	09	90	99
12	21	09	90	99
13	31	18	81	99
14	41	27	72	99
15	51	36	63	99
16	61	45	54	99
17	71	54	45	99
18	81	63	36	99
19	91	72	27	99
20	02	18	81	99
21	12	09	90	99
23	32	9	9	18
24	42	18	81	99
25	52	27	72	99
26	62	36	63	99
27	72	45	54	99
28	82	54	45	99
29	92	63	36	99
30	03	27	72	99
31	13	18	81	99
32	23	9	9	18
34	43	09	90	99
35	53	18	81	99
36	63	27	72	99
37	73	36	63	99
38	83	45	54	99
39	93	54	45	99
40	04	36	63	99

N	NR	N-NR	ROV N-NR	SOMMA
41	14	27	72	99
42	24	18	81	99
43	34	09	90	99
45	54	09	90	99
46	64	18	81	99
47	74	27	72	99
48	84	36	63	99
49	94	45	54	99
50	05	45	54	99
51	15	36	63	99
52	25	27	72	99
53	35	18	81	99
54	45	09	90	99
56	65	09	90	99
57	75	18	81	99
58	85	27	72	99
59	95	36	63	99
60	06	54	45	99
61	16	45	54	99
62	26	36	63	99
63	36	27	72	99
64	46	18	81	99
65	56	09	90	99
67	76	09	90	99
68	86	18	81	99
69	96	27	72	99
70	07	63	36	99
71	17	54	45	99

N	NR	N-NR	ROV N-NR	SOMMA
72	27	45	54	99
73	37	36	63	99
74	47	27	72	99
75	57	18	81	99
76	67	09	90	99
78	87	09	90	99
79	97	18	81	99
80	08	72	27	99
81	18	63	36	99
82	28	54	45	99
83	38	45	54	99
84	48	36	63	99
85	58	27	72	99
86	68	18	81	99
87	78	09	90	99
89	98	09	90	99
90	09	81	18	99
91	19	72	27	99
92	29	63	36	99
93	39	54	45	99
94	49	45	54	99
95	59	36	63	99
96	69	27	72	99
97	79	18	81	99
98	89	09	90	99

Per i numeri a cinque cifre vale questa regola:

Preso un numero di 5 cifre se ne ottiene un altro mescolando casualmente le cifre che lo compongono. Si sottrae poi dal maggiore, il minore e il risultato che si ottiene è un numero la cui somma delle cifre è riconducibile a 9.

Vediamo degli esempi.

Il numero 72985 ricombinando le cifre si ottiene 89275. Sottraendo da questo perché maggiore, il numero 72985 si ottiene 16290. La somma delle cifre del numero ha come risultato 18 la cui somma delle cifre è 9

.Il numero 12246. Ricombinando le cifre otteniamo il numero 62421. Facendo 62421-12246 otteniamo 50175 la cui somma delle cifre è il numero 18. La somma delle cifre di questo numero è 9.

Ultimo esempio, il numero 11447. Ricombinando le cifre otteniamo 74141. Facendo la sottrazione otteniamo 62694. La somma delle cifre del numero è uguale a 27. La somma delle cifre di 27 è 9.

Tabelline e non solo

Vi ricordate le tabelline?

1 per nove uguale a nove, due per nove uguale a diciotto, tre per nove uguale a ventisette...cominciamo con qualcosa di simile per continuare a scoprire le proprietà inesplorate del numero nove. Non preoccupatevi delle vostre conoscenze della matematica bastano quelle di aritmetica di base. Comunque per qualche tipo di calcolo che forse non conoscete metterò una spiegazione semplice e chiara.

Scriviamo in una colonna la serie dei numeri naturali da 1 a 40, nella colonna accanto, per ogni casella corrispondente scriviamo il prodotto di questo numero con nove.

Avremo quindi due colonne una con un numero della serie e accanto il suo prodotto con il numero nove. Siccome i risultati dei prodotti che mostriamo sono al massimo di tre cifre creeremo accanto altre tre colonne. Nelle tre caselle corrispondenti di ogni riga scriveremo rispettivamente la prima la seconda e la terza cifra che compongono il numero. Alfine creiamo una ultima colonna dove scriveremo la somma delle tre cifre che compongono il prodotto.

Ecco come si presenta la tabella creata.

Numeri naturali che moltiplica	Risultato	1° cifra del		2° cifra del numero		3° cifra del numero		risultato
1	9	9	+	0	+	0	=	9
2	18	1	+	8	+	0	=	9
3	27	2	+	7	+	0	=	9
4	36	3	+	6	+	0	=	9
5	45	4	+	5	+	0	=	9
6	54	5	+	4	+	0	=	9
7	63	6	+	3	+	0	=	9
8	72	7	+	2	+	0	=	9
9	81	8	+	1	+	0	=	9
10	90	9	+	0	+	0	=	9
11	99	9	+	9	+	0	=	18
12	108	1	+	0	+	8	=	9
13	117	1	+	1	+	7	=	9
14	126	1	+	2	+	6	=	9
15	135	1	+	3	+	5	=	9
16	144	1	+	4	+	4	=	9
17	153	1	+	5	+	3	=	9
18	162	1	+	6	+	2	=	9
19	171	1	+	7	+	1	=	9
20	180	1	+	8	+	0	=	9
21	189	1	+	8	+	9	=	18
22	198	1	+	9	+	8	=	18
23	207	2	+	0	+	7	=	9
24	216	2	+	1	+	6	=	9
25	225	2	+	2	+	5	=	9
26	234	2	+	3	+	4	=	9

Numeri naturali che moltiplic.	Risultato	1° cifra del		2° cifra del numero		3° cifra del numero		risultato
27	243	2	+	4	+	3	=	9
28	252	2	+	5	+	2	=	9
29	261	2	+	6	+	1	=	9
30	270	2	+	7	+	0	=	9
31	279	2	+	7	+	9	=	18
32	288	2	+	8	+	8	=	18
33	297	2	+	9	+	7	=	18
34	306	3	+	0	+	6	=	9
35	315	3	+	1	+	5	=	9
36	324	3	+	2	+	4	=	9
37	333	3	+	3	+	3	=	9
38	342	3	+	4	+	2	=	9
39	351	3	+	5	+	1	=	9
40	360	3	+	6	+	0	=	9

Troviamo subito una regola: la somma delle cifre del risultato del prodotto della serie col numero nove è il numero nove o il numero diciotto. La somma delle cifre del numero diciotto è sempre nove. Cosa assai curiosa, ma è sempre vera?

Ho esteso la ricerca e al numero 111 moltiplicato con 9 appare come risultato 999 la cui somma delle cifre è 27 che non solo è un multiplo di nove, ma le sue cifre sommate danno sempre nove. Quindi sembra che la somma delle cifre man mano che si va verso numeri più grandi sia un multiplo di 9.

La prima domanda che mi è venuta in mente era: la regola vale per tutti i numeri composti con la sola cifra 9?

Ho provato allora con 99.

Ed ecco che cosa è risultato.

Numero	Serie	Prodotto	cifre				Risultato
			1°	2°	3°	4°	
99	1	99	9	9	0	0	18
99	2	198	1	9	8	0	18
99	3	297	2	9	7	0	18
99	4	396	3	9	6	0	18
99	5	495	4	9	5	0	18
99	6	594	5	9	4	0	18
99	7	693	6	9	3	0	18
99	8	792	7	9	2	0	18
99	9	891	8	9	1	0	18
99	10	990	9	9	0	0	18
99	11	1089	1	0	8	9	18
99	12	1188	1	1	8	8	18
99	13	1287	1	2	8	7	18
99	14	1386	1	3	8	6	18
99	15	1485	1	4	8	5	18
99	16	1584	1	5	8	4	18
99	17	1683	1	6	8	3	18
99	18	1782	1	7	8	2	18
99	19	1881	1	8	8	1	18
99	20	1980	1	9	8	0	18
99	21	2079	2	0	7	9	18
99	22	2178	2	1	7	8	18

Numero	Serie	Prodotto	cifre				Risultato
99	23	2277	2	2	7	7	18
99	24	2376	2	3	7	6	18
99	25	2475	2	4	7	5	18
99	26	2574	2	5	7	4	18
99	27	2673	2	6	7	3	18
99	28	2772	2	7	7	2	18
99	29	2871	2	8	7	1	18
99	30	2970	2	9	7	0	18
99	31	3069	3	0	6	9	18
99	32	3168	3	1	6	8	18
99	33	3267	3	2	6	7	18
99	34	3366	3	3	6	6	18
99	35	3465	3	4	6	5	18
99	36	3564	3	5	6	4	18
99	37	3663	3	6	6	3	18
99	38	3762	3	7	6	2	18
99	39	3861	3	8	6	1	18
99	40	3960	3	9	6	0	18
99	41	4059	4	0	5	9	18
99	42	4158	4	1	5	8	18
99	43	4257	4	2	5	7	18
99	44	4356	4	3	5	6	18
99	45	4455	4	4	5	5	18
99	46	4554	4	5	5	4	18
99	47	4653	4	6	5	3	18
99	48	4752	4	7	5	2	18
99	49	4851	4	8	5	1	18
99	50	4950	4	9	5	0	18
99	51	5049	5	0	4	9	18

Numero	Serie	Prodotto	cifre				Risultato
99	52	5148	5	1	4	8	18
99	53	5247	5	2	4	7	18
99	54	5346	5	3	4	6	18
99	55	5445	5	4	4	5	18
99	56	5544	5	5	4	4	18
99	57	5643	5	6	4	3	18
99	58	5742	5	7	4	2	18
99	59	5841	5	8	4	1	18
99	60	5940	5	9	4	0	18
99	61	6039	6	0	3	9	18
99	62	6138	6	1	3	8	18
99	63	6237	6	2	3	7	18
99	64	6336	6	3	3	6	18
99	65	6435	6	4	3	5	18
99	66	6534	6	5	3	4	18
99	67	6633	6	6	3	3	18
99	68	6732	6	7	3	2	18
99	69	6831	6	8	3	1	18
99	70	6930	6	9	3	0	18
99	71	7029	7	0	2	9	18
99	72	7128	7	1	2	8	18
99	73	7227	7	2	2	7	18
99	74	7326	7	3	2	6	18
99	75	7425	7	4	2	5	18
99	76	7524	7	5	2	4	18
99	77	7623	7	6	2	3	18
99	78	7722	7	7	2	2	18
99	79	7821	7	8	2	1	18
99	80	7920	7	9	2	0	18

Numero	Serie	Prodotto	cifre				Risultato
99	81	8019	8	0	1	9	18
99	82	8118	8	1	1	8	18
99	83	8217	8	2	1	7	18
99	84	8316	8	3	1	6	18
99	85	8415	8	4	1	5	18
99	86	8514	8	5	1	4	18
99	87	8613	8	6	1	3	18
99	88	8712	8	7	1	2	18
99	89	8811	8	8	1	1	18
99	90	8910	8	9	1	0	18
99	91	9009	9	0	0	9	18
99	92	9108	9	1	0	8	18
99	93	9207	9	2	0	7	18
99	94	9306	9	3	0	6	18
99	95	9405	9	4	0	5	18
99	96	9504	9	5	0	4	18
99	97	9603	9	6	0	3	18
99	98	9702	9	7	0	2	18
99	99	9801	9	8	0	1	18
99	100	9900	9	9	0	0	18
99	101	9999	9	9	9	9	36

Incuriosito ho provato col numero 999 (quello che compare subito è il 27). Poi con 9999 (quello che compare subito è il 36). Insomma sembra che sia vero per tutti i numeri le cui cifre sono composte dal numero 9.

Quindi un numero con soli 9 moltiplicato per ogni numero della serie naturale da ogni risultato le cui cifre sommate danno 9 o un multiplo la cui somma delle cifre da 9 (9-18-27-36-45-54-63...). Aumentando nella serie dei numeri naturali o usando numeri col 9 grandi si giungerà alla comparsa dei risultati di 27 e 36 e poi i multipli superiori.

Provate a determinare a quale numero naturale compare come risultato della somma delle cifre per la prima volta 27 e 36 utilizzando come fattore il numero 9.

Per aiutarvi potete utilizzare un foglio di calcolo elettronico del tipo suddiviso per colonne e righe dove le colonne sono riconosciute con le lettere e le righe con i numeri. Quindi le coordinate di una casella sono nella forma B2 dove B indica la colonna e 2 la riga.

Non spaventatevi nelle istruzioni che seguono come quando ad esempio dico di scrivere il numero 99 in 600 caselle. I programmi di calcolo elettronico consentono di non ripetere manualmente l'operazione, ma permettono di realizzare la stessa operazione in un attimo su tutte le caselle interessate. Questo vale anche per le formule che vi dirò di inserire.

Scrivete nella colonna B partendo dalla casella B2 procedendo verso il basso il numero 99 in ogni casella per 600 caselle.

Scrivete nella colonna C i numeri da 1 a 600 partendo dalla casella C2 e procedendo verso il basso incrementando di 1 (cioè 1-2-3-4-5-6-7-8-9-10...).

Scrivete nella casella D2 la seguente formula =B2*C2 che nel linguaggio del programma che usiamo significa che il risultato che deve apparire è il prodotto del valore della casella B2 con quello della C2. Ora scrivete la stessa formula ma traslata per ogni riga su cui procedete verso il basso. Questo significa che la B e la C restano inalterate nella formula mentre varia il loro numero di riga. Quindi la successiva formula sarà il prodotto tra la casella B3 e C3 cioè =B3*C3. Nel programma che uso questo si realizza in un attimo trascinando la prima formula su tutte le altre caselle.

Nella casella E2 scrivete la seguente formula: =STRINGA.ESTRAI(D2;1;1) che significa estrai dalla casella D2 la prima cifra del risultato. Ugualmente dovrete fare per le successive colonne tenendo presente che alcuni risultati sono a 5 cifre quindi avrete bisogno di 5 colonne per estrarre tutte le cifre mentre per altri risultati del prodotto i serviranno 2 3 o 4 colonne.

Nell'ultima colonna scrivete la somma per ogni numero di riga la somma dei valori delle colonne in cui avete estratto le cifre. Ad esempio= e2+f2+g2 cioè somma i valori di quelle tre caselle.

Se avete programmato tutto bene vi compariranno nell'ultima colonna una sfilza di numeri 18 poi comparirà un 36 poi si alterneranno 18 e 27.

Similmente se usate il numero 999 invece che 99 la prima sfilza di numeri che vi compariranno è il 27.

Similmente se usate il numero 9999 invece che 99 la prima sfilza sarà composta dal numero 36. Comunque tutti numeri la cui somma delle cifre da 9.

Serie decimali

E se la serie non sono numeri interi?

Ho creato una serie di numeri partendo dal numero 1,1 e incrementando di 0,1 fino ad arrivare al numero 10 e ho moltiplicato ogni numero col 9.

Ecco che cosa ho ottenuto

Numero	Risultato	1°	2°	3°	Somma
1,1	9,9	9	9	0	18
1,2	10,8	1	0	8	9
1,3	11,7	1	1	7	9
1,4	12,6	1	2	6	9
1,5	13,5	1	3	5	9
1,6	14,4	1	4	4	9
1,7	15,3	1	5	3	9
1,8	16,2	1	6	2	9
1,9	17,1	1	7	1	9
2,0	18,0	1	8	0	9
2,1	18,9	1	8	9	18
2,2	19,8	1	9	8	18
2,3	20,7	2	0	7	9
2,4	21,6	2	1	6	9
2,5	22,5	2	2	5	9
2,6	23,4	2	3	4	9
2,7	24,3	2	4	3	9
2,8	25,2	2	5	2	9

Numero	Risultato	1°	2°	3°	Somma
2,9	26,1	2	6	1	9
3,0	27,0	2	7	0,0	9
3,1	27,9	2	7	9	18
3,2	28,8	2	8	8	18
3,3	29,7	2	9	7	18
3,4	30,6	3	0	6	9
3,5	31,5	3	1	5	9
3,6	32,4	3	2	4	9
3,7	33,3	3	3	3	9
3,8	34,2	3	4	2	9
3,9	35,1	3	5	1	9
4,0	36,0	3	6	0,0	9
4,1	36,9	3	6	9	18
4,2	37,8	3	7	8	18
4,3	38,7	3	8	7	18
4,4	39,6	3	9	6	18
4,5	40,5	4	0	5	9
4,6	41,4	4	1	4	9
4,7	42,3	4	2	3	9
4,8	43,2	4	3	2,0	9
4,9	44,1	4	4	1,0	9
5,0	45,0	4	5,0	0,0	9
5,1	45,9	4	5	9	18
5,2	46,8	4	6	8,0	18
5,3	47,7	4	7	7,0	18
5,4	48,6	4	8	6,0	18
5,5	49,5	4	9	5,0	18
5,6	50,4	5	0	4,0	9

Numero	Risultato	1°	2°	3°	Somma
5,7	51,3	5	1	3,0	9
5,8	52,2	5	2	2,0	9
5,9	53,1	5	3	1,0	9
6,0	54,0	5	4,0	0,0	9
6,1	54,9	5	4	9	18
6,2	55,8	5	5	8,0	18
6,3	56,7	5	6	7,0	18
6,4	57,6	5	7	6,0	18
6,5	58,5	5	8	5,0	18
6,6	59,4	5	9	4,0	18
6,7	60,3	6	0	3,0	9
6,8	61,2	6	1	2,0	9
6,9	62,1	6	2	1,0	9
7,0	63,0	6	3,0	0,0	9
7,1	63,9	6	3	9	18
7,2	64,8	6	4	8,0	18
7,3	65,7	6	5	7,0	18
7,4	66,6	6	6	6,0	18
7,5	67,5	6	7	5,0	18
7,6	68,4	6	8	4,0	18
7,7	69,3	6	9	3,0	18
7,8	70,2	7	0	2,0	9
7,9	71,1	7	1	1,0	9
8,0	72,0	7	2,0	0,0	9
8,1	72,9	7	2	9	18
8,2	73,8	7	3	8,0	18
8,3	74,7	7	4	7,0	18
8,4	75,6	7	5	6,0	18

Numero	Risultato	1°	2°	3°	Somma
8,5	76,5	7	6	5,0	18
8,6	77,4	7	7	4,0	18
8,7	78,3	7	8	3,0	18
8,8	79,2	7	9	2,0	18
8,9	80,1	8	0	1,0	9
9	81,0	8	1,0	0,0	9
9,1	81,9	8	1	9	18
9,2	82,8	8	2	8,0	18
9,3	83,7	8	3	7,0	18
9,4	84,6	8	4	6,0	18
9,5	85,5	8	5	5,0	18
9,6	86,4	8	6	4,0	18
9,7	87,3	8	7	3,0	18
9,8	88,2	8	8	2,0	18
9,9	89,1	8	9	1,0	18
10,0	90,0	9	9	0,0	18

Anche in questo caso, la somma delle cifre del risultato del prodotto è il numero 9 o 18 e andando oltre nel calcolo per numeri più grandi appaiono altri multipli di 9 come il 27 e la cui somma delle cifre è sempre 9.

Il fatto mi incuriosiva e non poco, significava forse che la regola era valida per qualsiasi incremento usato nel costruire la serie?

Ho provato allora con un incremento di 0,2 ed ecco che cosa è successo.

Numero	Risultato	1° cifra	2° cifra	3° cifra	Somma
1,2	10,8	1	0	8,0	9
1,4	12,6	1	2	6	9
1,6	14,4	1	4	4	9
1,8	16,2	1	6	2	9
2,0	18	1	8	0	9
2,2	19,8	1	9	8	18
2,4	21,6	2	1	6	9
2,6	23,4	2	3	4	9
2,8	25,2	2	5	2	9
3,0	27,0	2	7	0	9
3,2	28,8	2	8	8	18
3,4	30,6	3	0	6	9
3,6	32,4	3	2	4	9
3,8	34,2	3	4	2	9
4,0	36,0	3	6	0	9
4,2	37,8	3	7	8	18
4,4	39,6	3	9	6	18
4,6	41,4	4	1	4	9
4,8	43,2	4	3	2	9
5,0	45,0	4	5	0	9
5,2	46,8	4	6	8	18
5,4	48,6	4	8	6	18
5,6	50,4	5	0	4	9
5,8	52,2	5	2	2	9
6,0	54,0	5	4	0	9
6,2	55,8	5	5	8	18
6,4	57,6	5	7	6	18
6,6	59,4	5	9	4	18

Numero	Risultato	1° cifra	2° cifra	3° cifra	Somma
6,8	61,2	6	1	2	9
7,0	63,0	6	3	0	9
7,2	64,8	6	4	8	18
7,4	66,6	6	6	6	18
7,6	68,4	6	8	4	18
7,8	70,2	7	0	2	9
8,0	72,0	7	2	0	9
8,2	73,8	7	3	8	18
8,4	75,6	7	5	6	18
8,6	77,4	7	7	4	18
8,8	79,2	7	9	2	18
9	81,0	8	1	0	9
9,2	82,8	8	1,0	9	18
9,4	84,6	8	4	6	18
9,6	86,4	8	6	4	18
9,8	88,2	8	8	2	18
10,0	90,0	9	0	0	9

Anche in questo caso la somma delle cifre del risultato è 9 o un suo multiplo la cui somma delle cifre è sempre 9.

Non contento, ho voluto provare con un incremento di 0,3 e 0,4. Ecco che cosa ho ottenuto.

Serie con incremento di 0,3.

Numero	Risultato	1° cifra	2° cifra	3° cifra	Somma
1,3	11,7	1	0	8	9
1,6	14,4	1	4	4	9
1,9	17,1	1	7	1	9
2,2	19,8	1	9	8	18
2,5	22,5	2	2	0	9
2,8	25,2	2	5	2	9
3,1	27,9	2	7	9	18
3,4	30,6	3	0	6	9
3,7	33,3	3	3	3	9
4,0	36,0	3	6	0	9
4,3	38,7	3	8	7	18
4,6	41,4	4	1	4	9
4,9	44,1	4	4	1	9
5,2	46,8	4	6	8	18
5,5	49,5	4	9	5	18
5,8	52,2	5	2	2	9
6,1	54,9	5	4	9	18
6,4	57,6	5	7	6	18
6,7	60,3	6	0	3	9
7,0	63,0	6	3	0	9
7,3	65,7	6	5	7	18
7,6	68,4	6	8	4	18
7,9	71,1	7	1	1	9
8,2	73,8	7	3	8	18
8,5	76,5	7	6	5	18
8,8	79,2	7	9	2	18
9,1	81,9	8	1	9	18
9,4	84,6	8	4	6	18
9,7	87,3	8	7	3	18
10,0	90,0	9	0	0	9

Serie con incremento di 0,4.

Numero	Risultato	1° cifra	2° cifra	3° cifra	Somma
1,4	12,6	1	0,0	8,0	9
1,8	16,2	1	6	2	9
2,2	19,8	1	9	8	18
2,6	23,4	2	3	4	9
3,0	27,0	2	7	0	9
3,4	30,6	3	0	6	9
3,8	34,2	3	4	2	9
4,2	37,8	3	7	8	18
4,6	41,4	4	1	4	9
5,0	45,0	4	5	0	9
5,4	48,6	4	8	6	18
5,8	52,2	5	2	2	9
6,2	55,8	5	5	8	18
6,6	59,4	5	9	4	18
7,0	63,0	6	3	0,0	9
7,4	66,6	6	6	6	18
7,8	70,2	7	0	2	9
8,2	73,8	7	3	8	18
8,6	77,4	7	7	4	18
9	81,0	8	1	0	9
9,4	84,6	8	4	6	18
9,8	88,2	8	8	2	18
10,2	91,8	9	1	8	18
10,6	95,4	9	5	4	18
11,0	99	9	9	0,0	18

Incredibilmente la regola era ancora valida. A tutt'oggi, mentre scrivo stiamo provando altre serie e finora tutte rispondono a questa regola. Stiamo provando a farle partire da 1 con diversi incrementi, ma anche con inizi da altri numeri. Finora rispondono alla regola.

Mettiamo un attimo i risultati dei vari incrementi in un grafico dove sulle asse delle ordinate ci sono i valori ottenuti e sull'asse delle ascisse il progredire delle righe della tabella.

Grafico dell'incremento 0,1

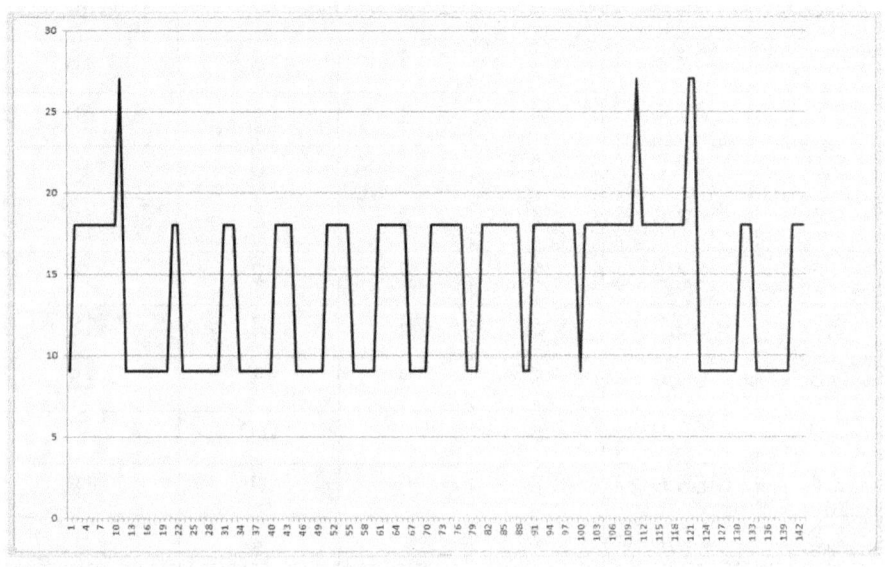

Grafico dell'incremento 0,2

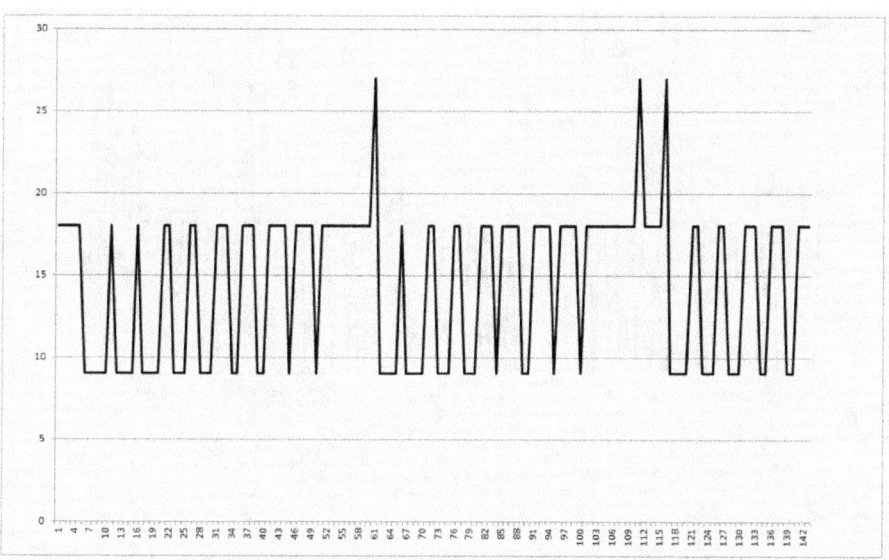

Grafico dell'incremento 0,3

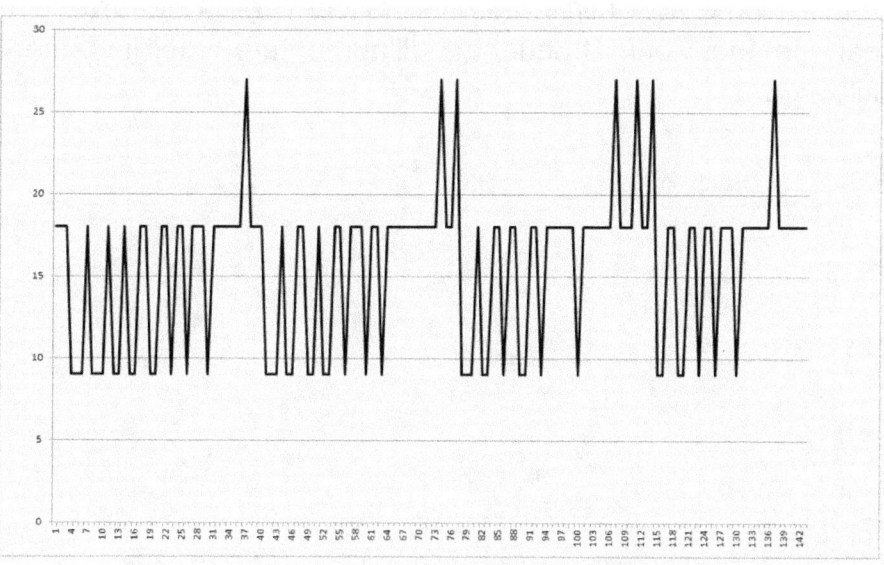

Grafico dell'incremento 0,4

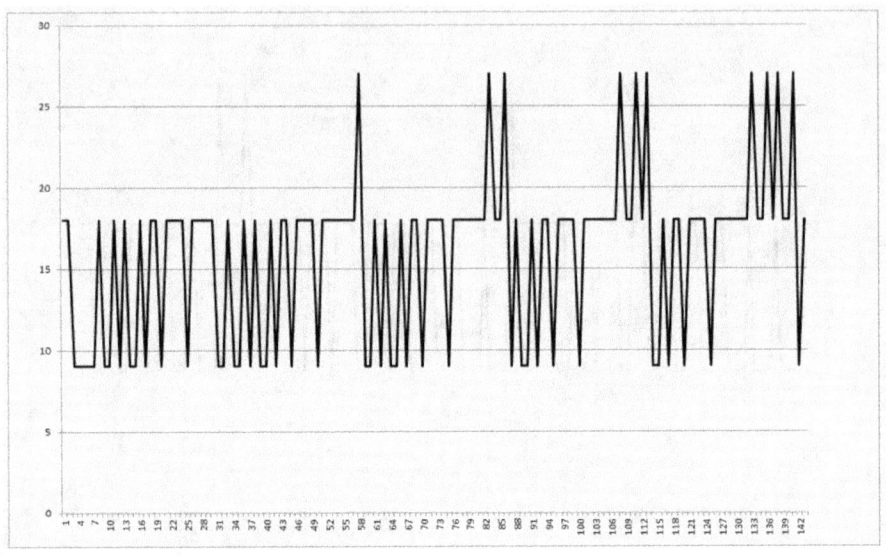

Vedete come si somiglino e che i picchi verso l'alto divengono man mano più frequenti all'aumentare dell'incremento utilizzato.

Le potenze del 9

Mi sono chiesto se succedeva qualcosa di interessante anche con altre operazioni oltre al prodotto. La prima operazione a cui ho prestato attenzione è le potenze del numero 9.

Osservate la tabella tenendo conto che per non scrivere troppi 0, alcuni numeri sono scritti in forma scientifica del tipo +10. Nell'esempio significa quello che leggete seguito da 10 zeri. Prima di mettere gli zeri, se c'è un numero con la virgola, dovete spostare questa a destra (ogni spostamento di virgola, uno zero messo) fino alla fine e poi aggiungere gli zero residui. Ad esempio scrivere 1,214 +3 e 1214 è la stessa cosa. La precisione di questi calcoli è alla sedicesima cifra decimale.

Potenze del 9 partendo da 9^1	Logaritmo in base 10 della potenza	Incremento dal precedente al seguente
9	0,9542425094393250	
81	1,9084850188786500	0,9542425094393250
729	2,8627275283179700	0,9542425094393250
6561	3,8169700377573000	0,9542425094393250
59049	4,7712125471966200	0,9542425094393250
531441	5,7254550566359500	0,9542425094393250
4782969	6,6796975660752700	0,9542425094393240
43046721	7,6339400755146000	0,9542425094393250
387420489	8,5881825849539200	0,9542425094393240
3486784401	9,5424250943932500	0,9542425094393250
31381059609	10,4966676038326000	0,9542425094393250
282429536481	11,4509101132719000	0,9542425094393250

Potenze del 9 partendo da 9^1	Logaritmo in base 10 della potenza	Incremento dal precedente al seguente
2,54186583E+12	12,4051526227112000	0,9542425094393250
2,28767925E+13	13,3593951321505000	0,9542425094393230
2,05891132E+14	14,3136376415899000	0,9542425094393250
1,85302019E+15	15,2678801510292000	0,9542425094393250
1,66771817E+16	16,2221226604685000	0,9542425094393230
1,50094635E+17	17,1763651699078000	0,9542425094393250
1,35085172E+18	18,1306076793472000	0,9542425094393250
1,21576655E+19	19,0848501887865000	0,9542425094393250
1,09418989E+20	20,0390926982258000	0,9542425094393250
9,84770902E+20	20,9933352076651000	0,9542425094393250
8,86293812E+21	21,9475777171045000	0,9542425094393250
7,97664431E+22	22,9018202265438000	0,9542425094393250
7,17897988E+23	23,8560627359831000	0,9542425094393250
6,46108189E+24	24,8103052454224000	0,9542425094393250
5,81497370E+25	25,7645477548618000	0,9542425094393250
5,23347633E+26	26,7187902643011000	0,9542425094393220
4,71012870E+27	27,6730327737404000	0,9542425094393250
4,23911583E+28	28,6272752831797000	0,9542425094393250
3,81520424E+29	29,5815177926191000	0,9542425094393250
3,43368382E+30	30,5357603020584000	0,9542425094393250
3,09031544E+31	31,4900028114977000	0,9542425094393250
2,78128389E+32	32,4442453209370000	0,9542425094393220
2,50315550E+33	33,3984878303764000	0,9542425094393250
2,25283995E+34	34,3527303398157000	0,9542425094393250
2,02755596E+35	35,3069728492550000	0,9542425094393250
1,82480036E+36	36,2612153586943000	0,9542425094393250
1,64232033E+37	37,2154578681337000	0,9542425094393250

Potenze del 9 partendo da 9^1	Logaritmo in base 10 della potenza	Incremento dal precedente al seguente
1,47808829E+38	38,1697003775730000	0,9542425094393250
1,33027946E+39	39,1239428870123000	0,9542425094393250
1,19725152E+40	40,0781853964516000	0,9542425094393250
1,07752637E+41	41,0324279058910000	0,9542425094393250
9,69773730E+41	41,9866704153303000	0,9542425094393250
8,72796357E+42	42,9409129247696000	0,9542425094393250
7,85516721E+43	43,8951554342089000	0,9542425094393250
7,06965049E+44	44,8493979436483000	0,9542425094393250
6,36268544E+45	45,8036404530876000	0,9542425094393250
5,72641690E+46	46,7578829625269000	0,9542425094393250
5,15377521E+47	47,7121254719662000	0,9542425094393250

L'incremento del logaritmo in base 10 delle potenze del 9 è sempre lo stesso ed è uguale al valore del logaritmo in base 10 della potenza di 9^1 cioè 0,9542425094393250.

Ho provato altre basi del logaritmo. Con la base 2 non sono perfettamente uguali alcuni degli incrementi, ma la differenza è dalla tredicesima cifra decimale!!!

Nella tabella vi mostro le basi usate, l'incremento più comune e le possibili differenziazioni.

La prova è stata condotta con potenze fino a 9^{200}.

Base del logaritmo	Incremento molto comune	Incrementi occasionali
2	3,1699250014423100	3,1699250014423200 3,1699250014422900 3,1699250014422700 3,1699250014423800
3	2,0000000000000000	1,9999999999999700 1,9999999999999400 1,9999999999999300 1,9999999999999600
4	1,5849625007211600	1,5849625007211500 1,5849625007211300 1,5849625007211900
5	1,3652123889719700	0,9542425094393250
6	1,2262943855309200	1,2262943855309100 1,2262943855309300
7	1,1291500681071600	1,1291500681071500 1,1291500681071700 1,1291500681071800
8	1,0566416671474400	1,0566416671474300 1,0566416671474500 1,0566416671474600
9	1,0000000000000000	0,999999999999990
11 La base 11 fornisce una serie di variazioni più o meno distribuite in quantità simili 0,9163138199826520 -- 0,9163138199826530 0,9163138199826510 -- 0,9163138199826550 0,9163138199826480		
12	0,8842282173954810	0,8842282173954780 0,8842282173954740 0,8842282173954890

Vedete come anche per le altre basi, la differenza tra l'incremento molto comune e quello occasionale è talmente minima da poter essere considerata trascurabile.

Ovviamente per chi conosce un poco i logaritmi, sa che questi sono strettamente legati alle potenze e quindi poiché le potenze crescono dello stesso numero così ci si aspetta che anche i logaritmi si incrementino di un valore corrispondente sempre uguale. Infatti se provate le potenze di un altro numero vedrete che gli incrementi del logaritmo, anche se con valori differenti seguono la stessa logica. Però le potenze dei numeri si incrementano sempre dello stesso valore, perché i logaritmi corrispondenti non fanno sempre la stessa cosa? Approssimazione nei calcoli da parte del computer? Sembrerebbe di no.

Comunque sia, non contento del risultato ottenuto che si poteva ottenere con un poco di ragionamento logico, ho cercato altre cose particolari che riguardassero le potenze del numero 9.

Somma di potenze

Ho trovato quella che sembra una nuova regola: la somma della potenza precedente con quella successiva da come risultato la potenza precedente moltiplicata per 10. Nella tabella che segue ho nominato, nella prima colonna, le righe con le lettere dell'alfabeto. Nella seconda colonna ci sono le potenze del numero 9. Nella terza colonna il risultato della somma della potenza precedente con quella successiva. Nell'ultima colonna si indicano le righe da cui sono state prese le potenze sommate.

Quindi somma della prima potenza con la seconda, la seconda con la terza, la terza con la quarta e così via.

La prova è stata condotta fino alla potenza di 9^{40}.

Riga	Potenze del numero 9 a partire da 9^2	Risultato della somma riga precedente con quella successiva	Righe sommate
A	81	810	A+B
B	729	7.290	B+C
C	6.561	65.610	C+D
D	59.049	590.490	D+E
E	531.441	5.314.410	E+F
F	4.782.969	47.829.690	F+G
G	43.046.721	430.467.210	G+H
H	387.420.489	3.874.204.890	H+I
I	3.486.784.401	34.867.844.010	I+J
J	31.381.059.609	313.810.596.090	J+K

K	282.429.536.481	2.824.295.364.810	K+L
L	2.541.865.828.329	25.418.658.283.290	L+M
M	22.876.792.454.961	228.767.924.549.610	M+N
N	205.891.132.094.649	2.058.911.320.946.490	N+O
O	1.853.020.188.851.840	18.530.201.888.518.400	O+P
P	16.677.181.699.666.600	166.771.816.996.666.000	P+Q
Q	150.094.635.296.999.000	1.500.946.352.969.990.000	Q+R
R	1.350.851.717.672.990.000	13.508.517.176.729.900.000	R+S
S	121.576.654.590.569+5	121.576.654.590.569+6	S+T
T	109.418.989.131.512+6	1.094.189.891.315.120+6	T+U
U	984.770.902.183.611+6	984.770.902.183.611+7	U+V
V	88.629.381.196.525+8	88.629.381.196.525+9	V+W
W	797.664.430.768.725+8	797.664.430.768.725+9	W+X
X	717.897.987.691.853+9	717.897.987.691.853+10	X+Y
Y	646.108.188.922.667+10	646.108.188.922.667+11	Y+Z
Z	581.497.370.030.401+11	581.497.370.030.401+12	Z+AA
AA	523.347.633.027.361+12	523.347.633.027.361+13	AA+AB
AB	471.012.869.724.624+13	471.012.869.724.625+14	AB+AC
AC	423.911.582.752.162+14	423.911.582.752.162+15	AC+AD
AD	381.520.424.476.946+16	381.520.424.476.946+17	AD+AE
AE	343.368.382.029.251+16	343.368.382.029.251+17	AE+AF
AF	309.031.543.826.326+17	309.031.543.826.326+18	AF+AG
AG	278.128.389.443.694+18	278.128.389.443.694+19	AG+AH
AH	250.315.550.499.324+19	25.031.555.049.932.+20	AH+AI
AI	225.283.995.449.392+20	225.283.995.449.392+21	AI+AJ

AJ	202.755.595.904.453+21	202.755.595.904.453+22	AJ+AK
AK	182.480.036.314.007+22	182.480.036.314.007+23	AK+AL
AL	164.232.032.682.607+23	164.232.032.682.607+24	AL+AM
AM	147.808.829.414.346+24		

Sempre rimanendo nell'ambito delle potenze, c'è un altro caso in cui la somma delle cifre del risultato fornisce 9 o un multiplo la cui somma delle cifre è sempre 9. È il caso in cui si costruisce una serie partendo dal numero 3 e si procede con incrementi di 3. Si calcolano poi le potenze al quadrato di ogni numero della serie e successivamente si sommano le potenze con questa logica: la prima con la seconda, la seconda con la terza, la terza con la quarta e così via. La somma delle cifre dei risultati è 9 o un suo multiplo le cui cifre danno 9.

Numero serie	Potenza	Somma potenze	Cifre					Risultato
			1°	2°	3°	4°	5°	
3	9	45	4	5	0		0	9
6	36	117	1	1	7	0	0	9
9	81	225	2	2	5	0	0	9
12	144	369	3	6	9	0	0	18
15	225	549	5	4	9	0	0	18
18	324	765	7	6	5	0	0	18
21	441	1017	1	0	1	7	0	9
24	576	1305	1	3	0	5	0	9
27	729	1629	1	6	2	9	0	18
30	900	1989	1	9	8	9	0	27

33	1089	2385	2	3	8	5	0	18
36	1296	2817	2	8	1	7	0	18
39	1521	3285	3	2	8	5	0	18
42	1764	3789	3	7	8	9	0	27
45	2025	4329	4	3	2	9	0	18
48	2304	4905	4	9	0	5	0	18
51	2601	5517	5	5	1	7	0	18
54	2916	6165	6	1	6	5	0	18
57	3249	6849	6	8	4	9	0	27
60	3600	7569	7	5	6	9	0	27
63	3969	8325	8	3	2	5	0	18
66	4356	9117	9	1	1	7	0	18
69	4761	9945	9	9	4	5	0	27
72	5184	10809	1	0	8	0	9	18
75	5625	11709	1	1	7	0	9	18
78	6084	12645	1	2	6	4	5	18
81	6561	13617	1	3	6	1	7	18
84	7056	14625	1	4	6	2	5	18
87	7569	15669	1	5	6	6	9	27
90	8100	16749	1	6	7	4	9	27
93	8649	17865	1	7	8	6	5	27
96	9216	19017	1	9	0	1	7	18
99	9801	20205	2	0	2	0	5	9
102	10404	21429	2	1	4	2	9	18
105	11025	22689	2	2	6	8	9	27

108	11664	23985	2	3	9	8	5	27
111	12321	25317	2	5	3	1	7	18
114	12996	26685	2	6	6	8	5	27
117	13689	28089	2	8	0	8	9	27
120	14400	29529	2	9	5	2	9	27
123	15129	31005	3	1	0	0	5	9
126	15876	32517	3	2	5	1	7	18
129	16641	34065	3	4	0	6	5	18
132	17424	35649	3	5	6	4	9	27
135	18225	37269	3	7	2	6	9	27
138	19044	38925	3	8	9	2	5	27
141	19881	40617	4	0	6	1	7	18
144	20736	42345	4	2	3	4	5	18
147	21609	44109	4	4	1	0	9	18

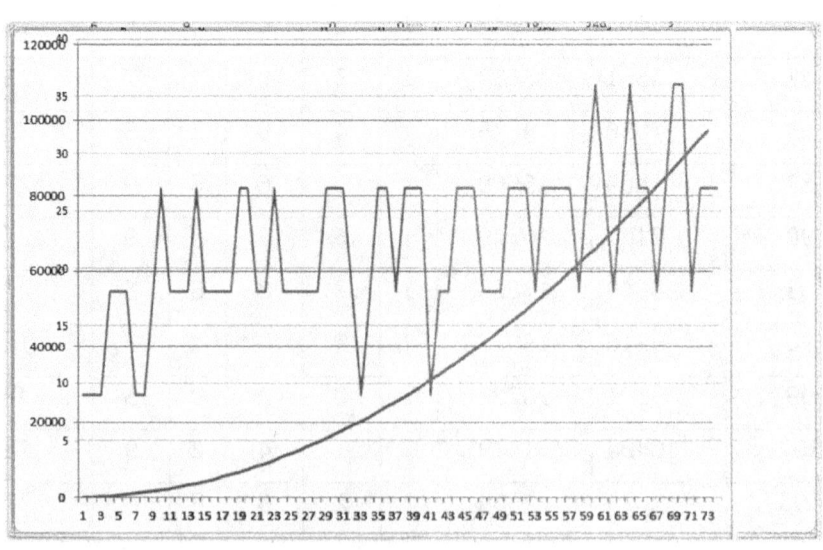

Nel grafico sono messi a confronto i due andamenti quello esponenziale della somma dei quadrati e quello della somma delle cifre dei risultati.

Dal grafico si capisce che nell'ultima fase , la somma delle cifre dei risultati passa da 9 e 18 a 27 e poi a 36 quindi proseguirà con 45 quindi con passo 9.

Il massimo comune divisore e il 9

Lasciamo un attimo le potenze e andiamo a vedere un caso interessante. Se si moltiplica ogni numero della serie naturale per il numero 9 si crea una nuova serie. Se si effettua il MCD (massimo comun divisore) dei risultati prendendo il primo e il terzo, il secondo e il quarto, il terzo e il quinto e così via, i risultati che si ottengono sono i numeri 9 e 18 alternati.

Ho condotto la prova fino al numero 1550 della serie naturale e tutto combacia. A voi l'onere di appurare se è sempre così, può darsi che compaia ad un certo punto un multiplo oppure che effettivamente resti sempre così.

Serie	Fattore	Risultato	MCD
1	9	9	9
2	9	18	18
3	9	27	9
4	9	36	18
5	9	45	9
6	9	54	18
7	9	63	9
8	9	72	18

9	9	81	9
10	9	90	18
11	9	99	9
12	9	108	18
13	9	117	9
14	9	126	18
15	9	135	9
16	9	144	18
17	9	153	9
18	9	162	18
19	9	171	9
20	9	180	18
21	9	189	9
22	9	198	18
23	9	207	9
24	9	216	18
25	9	225	9

26	9	234	18
27	9	243	9
28	9	252	18
29	9	261	9
30	9	270	18
31	9	279	9
32	9	288	18
33	9	297	9
34	9	306	18
35	9	315	9
36	9	324	18
37	9	333	9
38	9	342	18
39	9	351	9
40	9	360	18
41	9	369	9
42	9	378	18

43	9	387	9
44	9	396	18
45	9	405	9
46	9	414	18
47	9	423	9
48	9	432	18
49	9	441	9
50	9	450	18

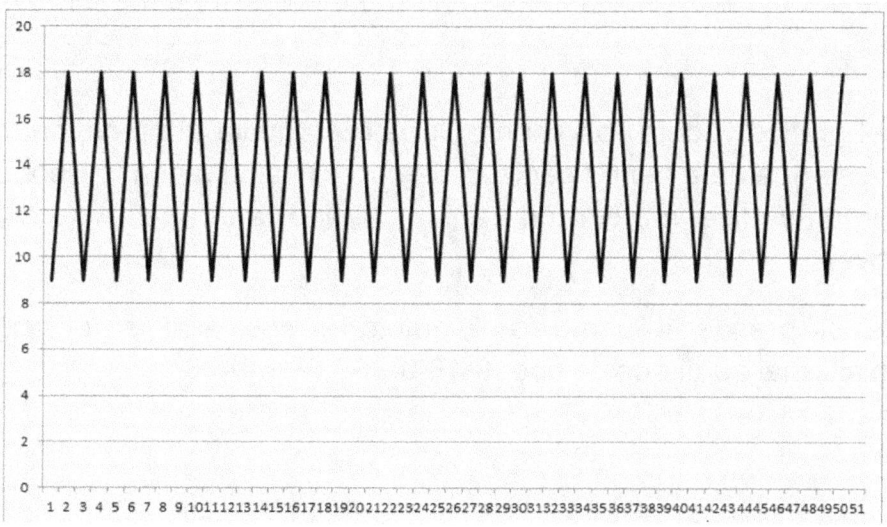

Nel grafico vedete per i primi 50 risultati, l'alternarsi regolare del 9 e del 18.

Ovviamente non ho riportato il caso di MCD tra il primo e il secondo perché essendo la serie a passo 9 tutti i numeri sono multipli di questo e quindi il MCD sarebbe sempre 9.

Interessante invece il fatto che se si prende il primo e il quarto e così via si ottiene un'alternanza di questo tipo 9-9-27 - 9-9-27- 9-9-27.

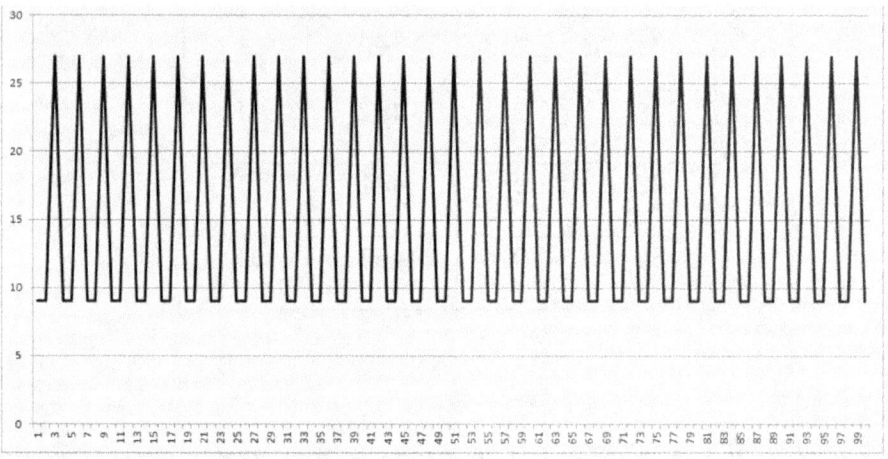

Nel grafico vedete l'alternanza. Sembra uguale al precedente, ma se guardate bene i pedici della curva i valori 9 non finiscono con un vertice, ma con un trattino che indica la ripetizione del nove.

Se si prende il primo e il quinto e così via, si ottiene un'alternanza di questo tipo: 9-18-9-36 - 9-18-9-36.

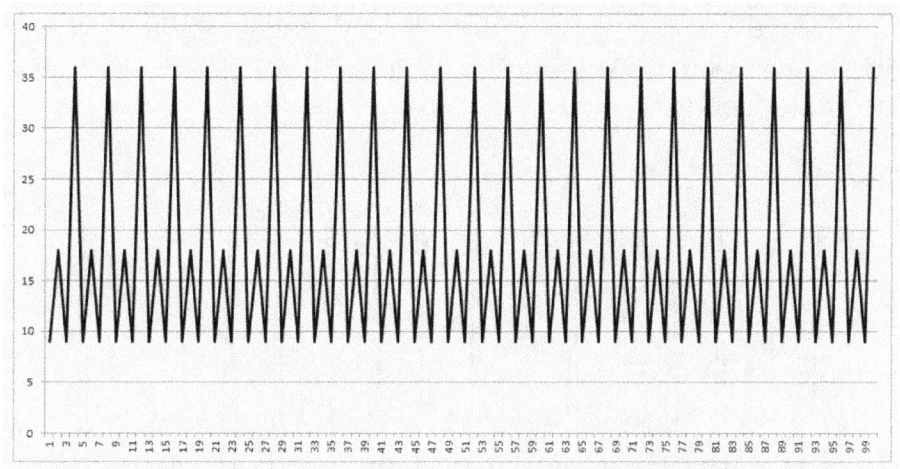

Nel grafico vedete l'alternanza dei primi 100 casi.

Se si prende il primo e il sesto e così via, si ottiene un'alternanza di questo tipo: 9-9-9-9-45 – 9-9-9-9-45.

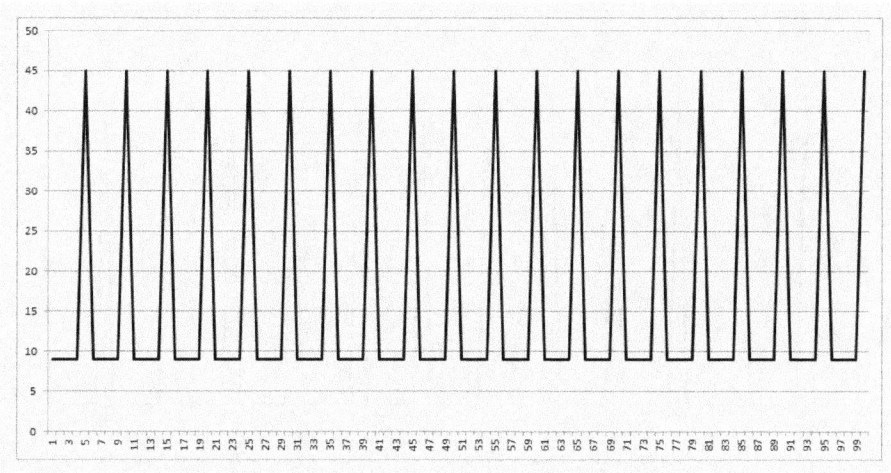

Nel grafico vedete l'alternarsi del 9 e il 45. Il grafico sembra uguale a quello dell'alternarsi del 9 col 27, ma se guardate bene vedete che il trattino che rappresenta la ripetizione del 9 è più lungo e il picco del 45 più alto. Sono comunque molto simili.

Vi propongo qualche altro grafico con scritto sotto il tipo di alternanza. Divertitevi poi voi a scoprire le magiche alternanze che scaturiscono.

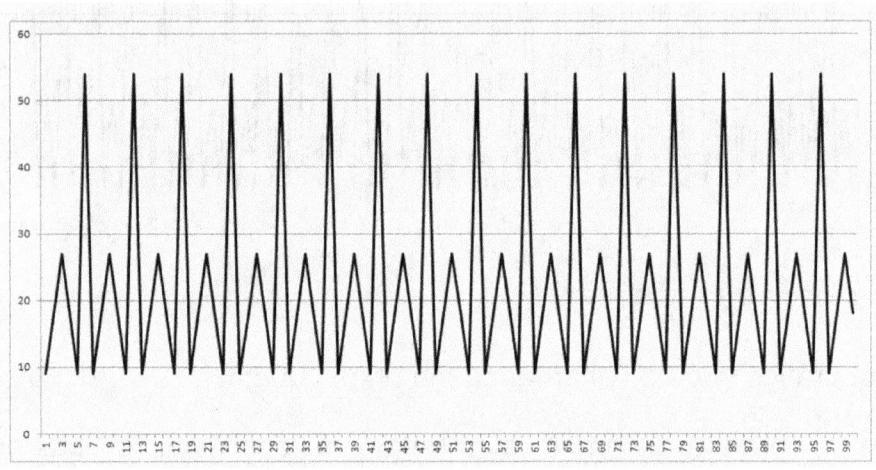

Alternanza: 9-18-27-18-9-54 poi ricomincia 9-18-27-18-9-54

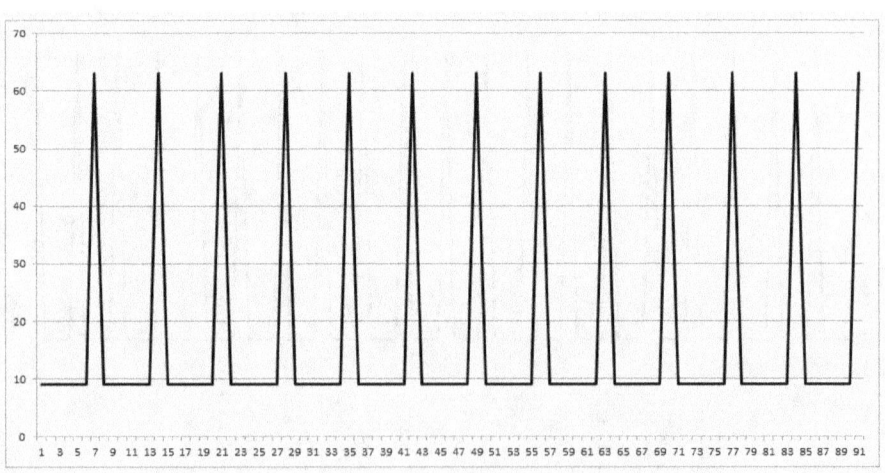

Alternanza: 9-9-9-9-9-9-63 poi ricomincia 9-9-9-9-9-9-63

La combinazione e la classe

Passiamo a vedere ora un'operazione particolare che fornisce risultato il 9 o i suoi multipli. Questa è la combinazione. La combinazione è una funzione che calcola il numero di combinazioni per un numero assegnato di elementi indipendentemente dall'ordine degli stessi. La combinazione è usata per calcolare i gruppi che si possono formare con un determinato numero di elementi. Gli argomenti della funzione sono il numero di elementi e la classe cioè la quantità di elementi di ogni combinazione. Io come classe ho usato 4 e come numero di elementi il valore di una serie a passo 9 che cominciava dal numero 9.

Ecco che cosa si è ottenuto.

Serie	Combinazione	Somma cifre
9	126	9
18	3060	9
27	17550	18
36	58905	27
45	148995	36
54	316251	18
63	595665	36

72	1028790	27
81	1663740	27
90	2555190	27
99	3764376	36
108	5359095	36
117	7413705	27
126	10009125	18
135	13232835	27
144	17178876	45
153	21947850	36
162	27646920	36
171	34389810	36
180	42296805	36
189	51494751	36
198	62117055	27
207	74303685	36
216	88201170	27

225	103962600	27
234	121747626	36
243	141722460	27
252	164059875	45
261	188939205	45
270	216546345	36
279	247073751	36
288	280720440	27
297	317691990	45
306	358200540	27
315	402464790	36
324	450710001	18
333	503167995	45
342	560077155	36
351	621682425	36
360	688235310	36
369	759993876	63

378	837222750	36
387	920193120	27
396	1009182735	36
405	1104475905	36
414	1206363501	27
423	1315142955	36
432	1431118260	27
441	1554599970	54
450	1685905200	36
459	1825357626	45
468	1973287485	54
477	2130031575	27
486	2295933255	45
495	2471342445	36
504	2656615626	45

Anche in questo caso la somma delle cifre del risultato è 9 o un multiplo di 9 la cui somma delle cifre è sempre 9.

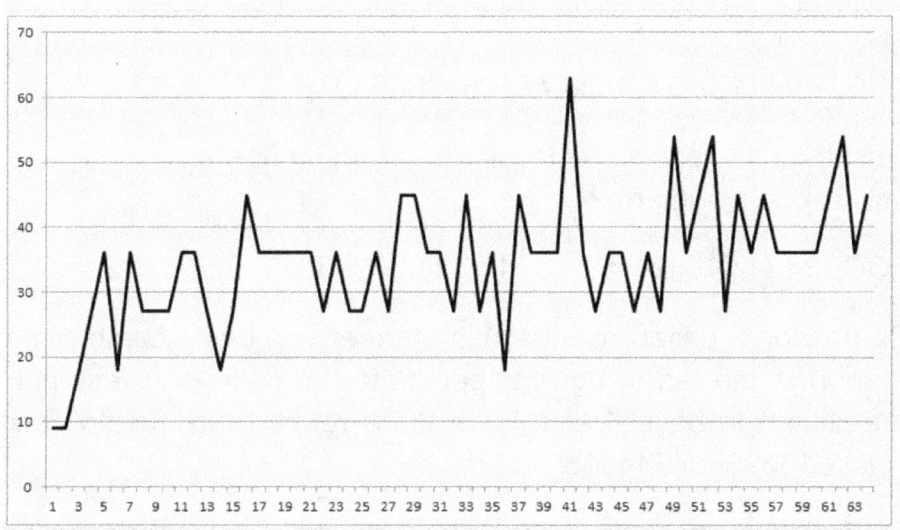

Giochiamo ancora con i logaritmi. Prendiamo una serie di numeri qualsiasi e calcoliamo il rapporto dei logaritmi di ogni numero della serie. Al numeratore mettiamo un logaritmo con qualsiasi base e al denominatore un altro logaritmo con qualsiasi base. Utilizziamo le due basi dei logaritmi scelti per tutti i numeri della serie. I risultati che si ottengono sono tutti uguali, cioè il rapporto non varia al variare del numero della serie.

La serie scelta inizia da 9 e procede a passo 9.

Ecco un esempio:

Formula - =$LOG_4\, 9 / LOG_3\, 9$ = 0,7924812503605780

Il risultato è lo stesso se usiamo il numero 18 della serie.

$LOG_4\, 18 / LOG_3\, 18$ = 0,7924812503605780

Proviamo a cambiare le basi dei logaritmi e la serie.

Prendiamo come serie quella che parte da 6 e procede con passo 6.

$LOG_4\ 6\ /\ LOG_6\ 6 = 1,292481250360580$

Il risultato è lo stesso se facciamo la stessa operazione utilizzando il numero 24

$LOG_4\ 24\ /\ LOG_6\ 24 = 1,292481250360580$

Si possono utilizzare qualsiasi numeri di basi, cambierà il rapporto, ma sarà uguale per tutta la serie. Ad esempio prendiamo la base 4 e la base 20. Il rapporto in questo caso vale 2,160964047443680.

Ovviamente non sono uguali i risultati del logaritmo al numeratore e quello al denominatore tra i vari numeri della serie, ma lo è il rapporto che producono al variare del numero della serie. Per spiegarmi meglio risultati diversi al numeratore e al denominatore producono lo stesso risultato. Questo è verificabile anche con semplici equazioni. Ad esempio 10/4 = 2,5 e 20/8 = 2,5 e 15/6 = 2,5.

Il 9 è un numero quadrato

Lasciamo un attimo le nude e crude operazioni matematiche e costruiamo un quadrato utilizzando la serie di numeri che comincia da 9 e procede con passo 9.

Cominciamo a mettere i numeri dall'angolo in alto a sinistra del quadrato e procediamo per riga.

Il quadrato sarà di dimensioni 11X11 numeri.

Eccolo.

9	18	27	36	45	54	63	72	81	90	99
108	117	126	135	144	153	162	171	180	189	198
207	216	225	234	243	252	261	270	279	288	297
306	315	324	333	342	351	360	369	378	387	396
405	414	423	432	441	450	459	468	477	486	495
504	513	522	531	540	549	558	567	576	585	594
603	612	621	630	639	648	657	666	675	684	693
702	711	720	729	738	747	756	765	774	783	792
801	810	819	828	837	846	855	864	873	882	891
900	909	918	927	936	945	954	963	972	981	990
999	1008	1017	1026	1035	1044	1053	1062	1071	1080	1089

Questo quadrato gode di varie proprietà, oltre a quelle ovvie come il fatto che in ogni riga i numeri si incrementano con fattore nove.

Il primo elemento particolare è il fatto che le somme dei numeri che costituiscono le diagonali sono uguali tra loro.

9	18	27	36	45	54	63	72	81	90	99
108	117	126	135	144	153	162	171	180	189	198
207	216	225	234	243	252	261	270	279	288	297
306	315	324	333	342	351	360	369	378	387	396
405	414	423	432	441	450	459	468	477	486	495
504	513	522	531	540	549	558	567	576	585	594
603	612	621	630	639	648	657	666	675	684	693
702	711	720	729	738	747	756	765	774	783	792
801	810	819	828	837	846	855	864	873	882	891
900	909	918	927	936	945	954	963	972	981	990
999	1008	1017	1026	1035	1044	1053	1062	1071	1080	1089

La somma dei numeri della diagonale.
99+189+279+369+459+549+639+729+819+909+999 = 6039.

9	18	27	36	45	54	63	72	81	90	99
108	117	126	135	144	153	162	171	180	189	198
207	216	225	234	243	252	261	270	279	288	297
306	315	324	333	342	351	360	369	378	387	396
405	414	423	432	441	450	459	468	477	486	495
504	513	522	531	540	549	558	567	576	585	594
603	612	621	630	639	648	657	666	675	684	693
702	711	720	729	738	747	756	765	774	783	792
801	810	819	828	837	846	855	864	873	882	891
900	909	918	927	936	945	954	963	972	981	990
999	1008	1017	1026	1035	1044	1053	1062	1071	1080	1089

La somma dei numeri della diagonale.

9+117+225+333+441+549+657+765+873+981+1089 = 6039

Inutile dire che il risultato è un multiplo di 9 e che la somma delle sue cifre da come risultato un multiplo di 9 riconducibile a 9.

Il numero 6039 esce fuori anche dagli assi del quadrato.

9	18	27	36	45	54	63	72	81	90	99
108	117	126	135	144	153	162	171	180	189	198
207	216	225	234	243	252	261	270	279	288	297
306	315	324	333	342	351	360	369	378	387	396
405	414	423	432	441	450	459	468	477	486	495
504	513	522	531	540	549	558	567	576	585	594
603	612	621	630	639	648	657	666	675	684	693
702	711	720	729	738	747	756	765	774	783	792
801	810	819	828	837	846	855	864	873	882	891
900	909	918	927	936	945	954	963	972	981	990
999	1008	1017	1026	1035	1044	1053	1062	1071	1080	1089

La somma dell'asse verticale è

54+153+351+450+549+648+747+846+945+1044 = 6039

La somma dell'asse orizzontale è

504+513+522+531+540+549+558+567+576+585+594 = 6039

6039 è un multiplo di 9 e la somma delle cifre riconducono a 9.

I quadrati (di grandezza 6X6) formati dagli assi del quadrato hanno le somme dei valori delle diagonali uguali.

Quadrato A						**Quadrato B**				
9	18	27	36	45	54	63	72	81	90	99
108	117	126	135	144	153	162	171	180	189	198
207	216	225	234	243	252	261	270	279	288	297
306	315	324	333	342	351	360	369	378	387	396
405	414	423	432	441	450	459	468	477	486	495
504	513	522	531	540	549	558	567	576	585	594
603	612	621	630	639	648	657	666	675	684	693
702	711	720	729	738	747	756	765	774	783	792
801	810	819	828	837	846	855	864	873	882	891
900	909	918	927	936	945	954	963	972	981	990
999	1008	1017	1026	1035	1044	1053	1062	1071	1080	1089
Quadrato C						**Quadrato D**				

Per il quadrato A abbiamo:

1° diagonale: 54+144+234+324+414+504 = 1674

2° diagonale: 9+117+225+333+441+549 = 1674

1674 è un multiplo di 9 e la somma delle cifre riconduce a 9.

Per il quadrato B abbiamo:

1° diagonale: 594+486+378+270+162+54 = 1944

2° diagonale: 99+189+279+369+459+549 = 1944

1944 è un multiplo di 9 e la somma delle sue cifre riconduce a 9.

Per il quadrato C abbiamo:

1° diagonale: 504+612+720+828+936+1044 = 4644

2° diagonale: 99+189+279+369+459+549 = 4644

4644 è un multiplo di 9 e la somma delle sue cifre riconduce a 9.

Per il quadrato D abbiamo:

1° diagonale: 549+657+765+873+981+1089 = 4914

2° diagonale: 594+684+774+864+954+1044 = 4914

4914 è un multiplo di 9 e la somma delle cifre riconduce a 9.

Ma non finisce qui!!!

Tutte le colonne verticali, partendo dall'alto, i numeri procedono a passo 99 che è un mutiplo di 9 e la somma delle cifre è riconducibile a 9.

Guardate la prima colonna.

Tra 9 e 108 c'è una distanza di 99, tra 108 e 207 c'è una distanza di 99 e così via.

Consegue a questo fatto che i risultati (ottenuti sommando tutti i numeri di ciascuna colonna) sono distanziati di 99.

Esattamente sono partendo dalla prima colonna a sinistra:

5544-5643-5742-5841-5940-6039-6138-6237-6336-6435-6534

Se si sommano tutti i numeri di ciascuna riga, i risultati ottenuti sono distanziati tutti di 1089 che è multiplo di 9 e la somma delle cifre è riconducibile a 9.

Esattamente sono partendo dalla prima riga in alto:

594-1683-2772-3861-4950-6039-7128-8217-9306-10395-11484

I numeri delle due diagonali procedono con incremento, per la prima, di 88 e per la seconda di 108.

Le funzioni e il numero 9

Vediamo come si comporta una serie a passo nove in una funzione.

Prendiamo la classica: $y=x^2+x+9$.

Quanto vale y al progredire della serie?

Ogni volta che cambia numero della serie calcoliamo la funzione sostituendo x con il valore della serie ed effettuando il calcolo.

Serie	Valore di y	Somma cifre
9	99	9+9=18 1+8=9
18	351	3+5+1=9
27	765	7+6+5=18 1+8=9
36	1341	1+3+4+1=9
45	2079	2+0+7+9=18 1+8=9
54	2979	2+9+7+9=27 2+7=9
63	4041	4+0+4+1=9
72	5265	5+2+6+5=18 1+8=9
81	6651	6+6+5+1=18 1+8=9
90	8199	8+1+9+9=27 2+7=9
99	9909	9+9+0+9=27 2+7=9

108	11781	1+1+7+8+1=18 1+8=9
117	13815	1+3+8+1+5=18 1+8=9
126	16011	1+6+0+1+1=9
135	18369	1+8+3+6+9=27 2+7=9
144	20889	2+0+8+8+9=27 2+7=9
153	23571	2+3+5+7+1=18 1+8=9
162	26415	2+6+4+1+5=18 1+8=9
171	29421	2+9+4+2+1=18 1+8=9
180	32589	3+2+5+8+9=27 2+7=9
189	35919	3+5+9+1+9=27 2+7=9

Tutti i risultati di y sono multipli del numero 9 e la somma delle loro cifre è riconducibile al numero 9.

Inoltre la distanza tra un valore di y e l'altro è un numero riconducibile a 9 con la somma delle cifre ed è un multiplo di 9.

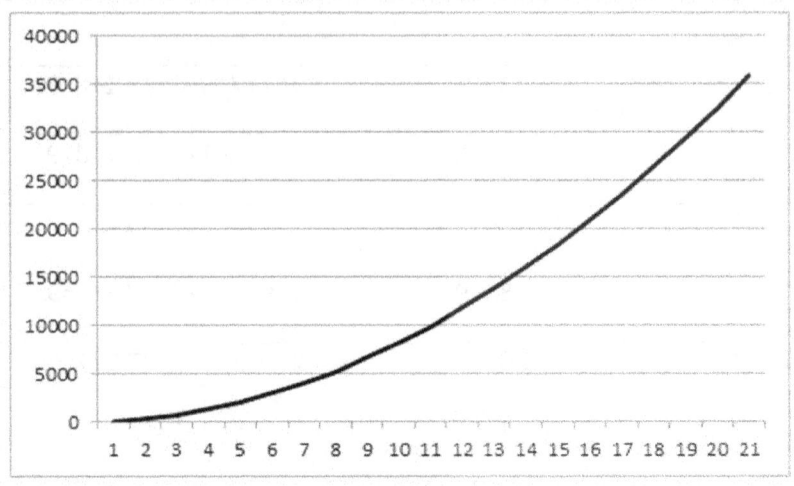

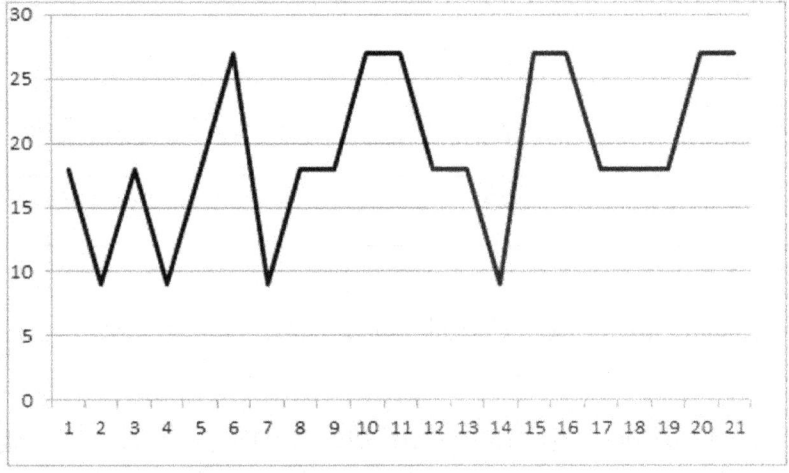

Il grafico in alto si riferisce all'andamento di y al variare di x, mentre quello in basso alla somma delle cifre di y.

Vediamo un'altra equazione classica $y=x^3+x^2+x+9$.

Anche in questo caso tutti i risultati di y sono multipli del numero 9 e la somma delle loro cifre è riconducibile al numero 9. La distanza tra un valore di y e l'altro è un multiplo del numero 9 e la somma delle sue cifre riconduce a 9.

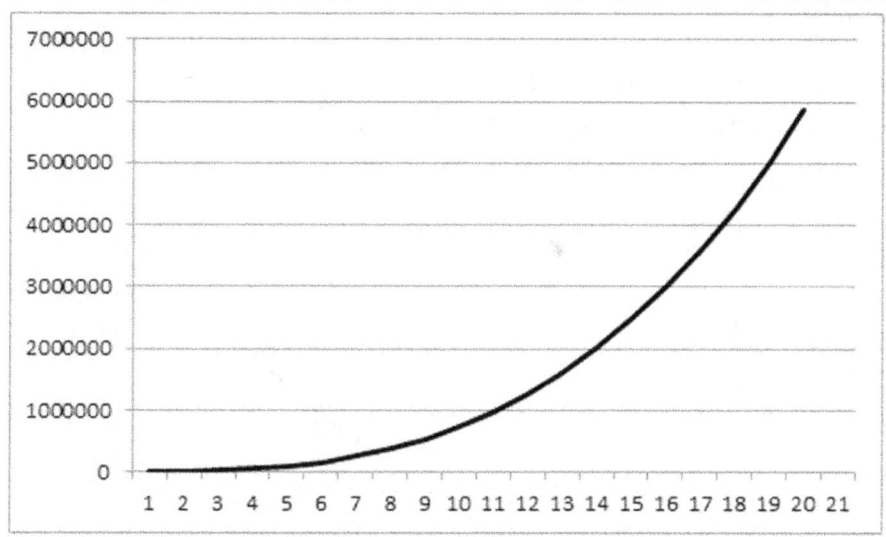

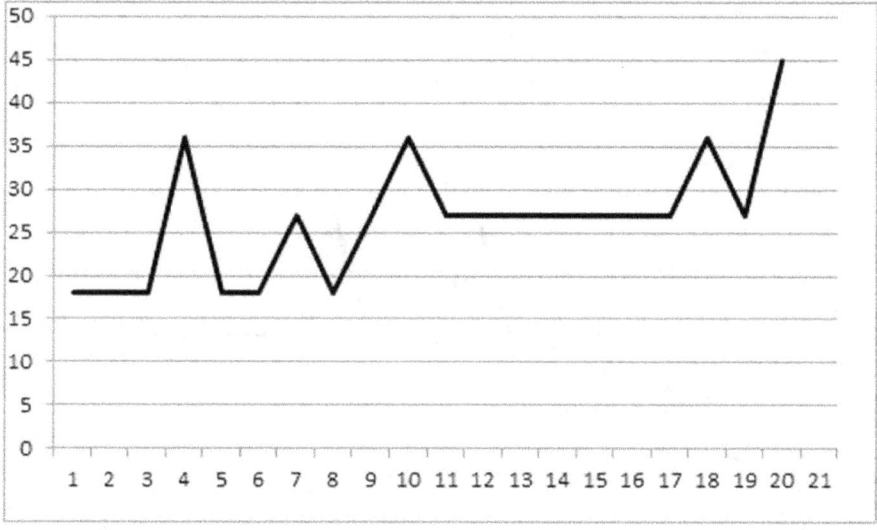

Il grafico in alto si riferisce all'andamento di y al variare di x, mentre quello in basso alla somma delle cifre di y.

Vediamo una funzione su cui non scommetterei nemmeno un soldo bucato che mantenga queste proprietà.

$y = x^2/9 + x + 9$.

Mantiene le proprietà.

Y mantiene le proprietà anche se nell'equazione $y=x^2+x+n$, se n è un numero della sequenza a passo 9.

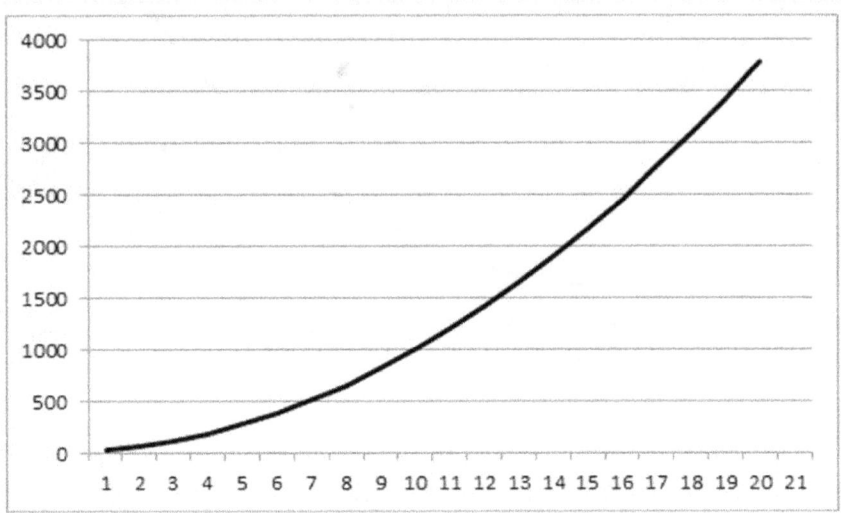

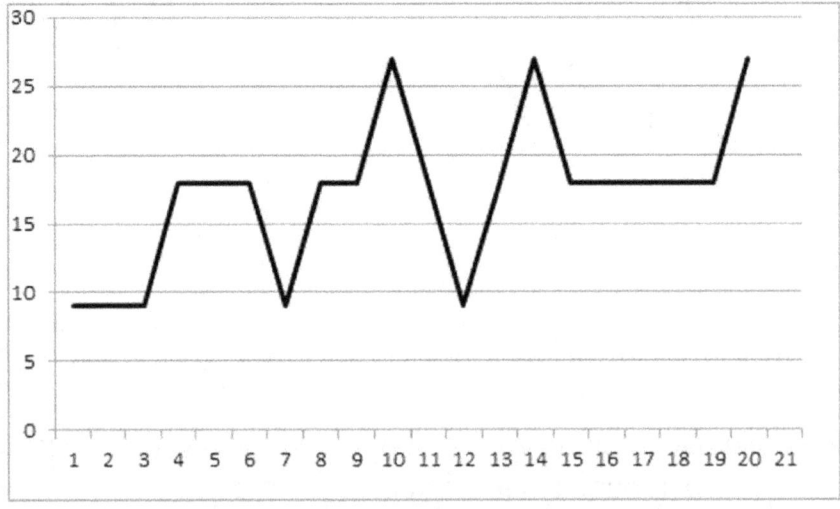

Il grafico in alto si riferisce all'andamento di y al variare di x, mentre quello in basso alla somma delle cifre di y.

Usiamo adesso un'equazione particolare:

y=(a+b)*(a-b) dove a e b sono due numeri della serie a passo nove vicini.

Serie	Valore di y
9	243
18	405
27	567
36	729
45	891
54	1053
63	1215
72	1377
81	1539
90	1701
99	1863
108	2025
117	2187
126	2349
135	2511
144	2673

153	2835
162	2997
171	3159
180	3321
189	3483
198	3645
207	3807
216	3969
225	4131
234	4293
243	4455
252	4617
261	4779
270	4941
279	5103
288	5265
297	5427
306	5589

315	5751
324	5913
333	6075
342	6237
351	6399
360	6561
369	6723
378	6885
387	7047
396	7209
405	7371

Come si vede dalla tabella, le proprietà sono ancora mantenute.

Finora mi sono limitato ad operazioni semplici. Ingarbugliamo un poco la questione e vediamo cosa succede.

Prendiamo, in una serie a passo 9, il primo e il terzo e moltiplichiamoli, poi il secondo e il quarto e li moltiplichiamo.

Poi sottraiamo dal prodotto del secondo e il quarto, l'altro prodotto..

L'operazione successiva sarà partire dal secondo e quindi prendere il secondo e il quarto e moltiplicarli, poi prendere il terzo e il quinto e moltiplicarli. Infine sottraiamo dal prodotto del terzo col quinto, l'altro prodotto. Si prosegue con questa logica.

In tabella vedete i primi 50 risultati degli oltre 1000 provati.

Serie	(a*c)-(b*d)	Somma delle cifre
9(a)	405	9
18(b)	567	18
27(c)	729	18
36(d)	891	18
45(a)	1053	9
54(b)	1215	9
63(c)	1377	18
72(d)	1539	18
81	1701	9
90	1863	18
99	2025	9
108	2187	18
117	2349	18
126	2511	9
135	2673	18

144	2835	18
153	2997	27
162	3159	18
171	3321	9
180	3483	18
189	3645	18
198	3807	18
207	3969	27
216	4131	9
225	4293	18
234	4455	18
243	4617	18
252	4779	27
261	4941	18
270	5103	9
279	5265	18
288	5427	18
297	5589	27

306	5751	18
315	5913	18
324	6075	18
333	6237	18
342	6399	27
351	6561	18
360	6723	18
369	6885	27
378	7047	18
387	7209	18
396	7371	18
405	7533	18
414	7695	27
423	7857	27
432	8019	18
441	8181	18
450	8343	18
459	8505	18

Dalla tabella si vede che tutti i risultati sono multipli di 9 e la somma delle cifre che li costituiscono è 9 o un suo multiplo riconducibile a 9.

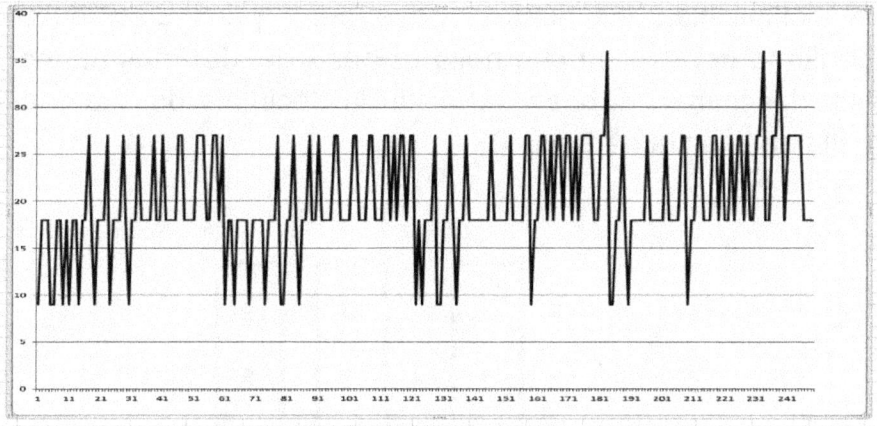

Nel grafico vedete l'andamento delle somme delle cifre dei primi 250 risultati.

Altre curiosità e conclusioni

Concludiamo con alcune curiosità già note, ma interessanti.

Ecco le curiosità.

Se moltiplichiamo il numero nove per i primi dieci numeri, otteniamo dei risultati che nella colonna dei decimali hanno la serie dei numeri di base del sistema decimale da 0 a 9 e in quella delle unità da 9 a 0.

9	X	1	=	0	9
9	X	2	=	1	8
9	X	3	=	2	7
9	X	4	=	3	6
9	X	5	=	4	5
9	X	6	=	5	4
9	X	7	=	6	3
9	X	8	=	7	2
9	X	9	=	8	1
9	X	10	=	9	0

Se partiamo dal prodotto 9X1 e aggiungiamo poi sempre un 1 avremo una particolare figura.

1	9
11	99
111	999
1111	9999
11111	99999
111111	999999
1111111	9999999
11111111	99999999
111111111	999999999
1111111111	9999999999

Infatti

9	X	1	=	9
9	X	11	=	99
9	X	111	=	999
9	X	1111	=	9999
9	X	11111	=	99999
9	X	111111	=	999999
9	X	1111111	=	9999999
9	X	11111111	=	99999999
9	X	111111111	=	999999999
9	X	1111111111	=	9999999999

Finiamo qui perché ho fame. Quindi vado a cenare.

Non è che sia stanco di scrivere, ma ho una miriade di 9 che mi sballonzano davanti agli occhi.

Spero che sia stato di vostro interesse questa indagine tra l'aritmetico e il matematico sul numero nove, non pretendo che vi siate divertiti, ma almeno che sia riuscito a destare la vostra curiosità.

I controlli effettuati sui dati sono stati innumerevoli, ma quando si trattano milioni di dati, anche se aiutati da un elaboratore elettronico, la probabilità di una svista esiste sempre.

Quindi se doveste riscontrare un errore vi prego segnalate alla casella postale:

arte@systemeuro.com

Alla stessa casella potete rivolgervi per qualsiasi altra cosa, anche una scoperta interessante sul numero nove fatta da voi.

Grazie per la partecipazione.

A presto

Altri libri pubblicati dall'autore

Ritratti – poesie matematiche

Godere della poesia, vivere la matematica. Il libro è composto da due parti. La prima è una raccolta di poesie che delineano ritratti di persone e di vita quotidiana. La seconda parte introduce il lettore, in modo semplice e chiaro, ai metodi di analisi matematica dei testi letterari utilizzando le poesie del libro. I metodi di analisi, introdotti dall'autore, sono innovativi e non sono delle mere statistiche, ma si basano sulle proprietà intrinseche dell'alfabeto e del vocabolario di riferimento.

Antalogia Volume I: le finestre

Un libro unico al mondo che raccoglie centinaia di tipi di finestra e le illustra con oltre 400 fotografie. Dalla finestra cieca all'inginocchiata, dalla serliana alla guelfa, il libro coniuga terminologia architettonica con quella che userebbe chiunque affidandosi al gusto e alla percezione ricevuta. Il libro spazia sulle finestre presenti a Roma e integra questa vasta varietà con quelle dei paesi dell'Italia centrale e alcuni esempi dall'estero. Le didascalie indicano per Roma il quartiere o il rione in cui si è effetuata la ripresa e per gli altri paesi il nome della località. Integrano e ampliano le informazioni e la visuale offerte da quest'opera, quattro documentazioni finali. La prima è la suddivisione di Roma in quartieri, rioni, zone, suburre. La seconda contiene i periodi di edificazione dei rioni e per ciascuno i palazzi di interesse architettonico con il periodo o la data di costruzione. La terza contiene i periodi di edificazione dei quartieri di Roma con indicati i confini odierni. La quarta spiega i termini non comuni usati in architettura. Il libro apre la collana Antalogia che proseguirà con altre pubblicazioni inerenti l'architettura.

Antalogia Volume II: I battenti

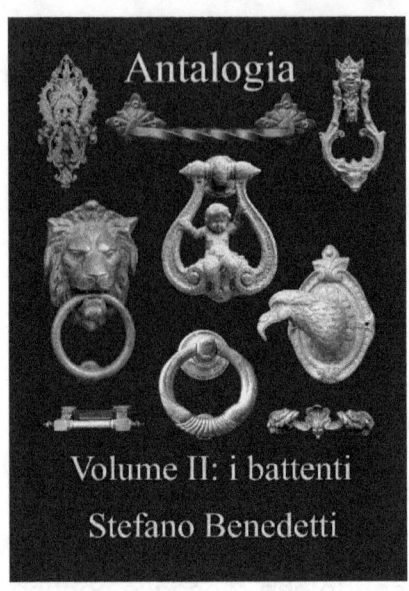

Il secondo volume della collana Antalogia è dedicato ai battenti conosciuti anche come picchiotti. Piccoli gioielli artistici che non hanno solo una funzione estetica e funzionale, ma spesso sono simboli di varia natura. Dagli animali reali o fantastici alle mani di Fatima, dalle teste egizie agli anelli fregiati in un incrediile raccolta che fa da complemento al primo volume della collana. 200 fotografie in grande formato a colore pieno sono supportate dal testo e da documentazioni integrative affinché il volume non sia solo una mostra d'arte, ma anche motivo di ricerca. Nelle documentazioni integrative si tracciano i periodi di edificazione dei quartieri e dei rioni di Roma, inoltre si mostra lo sviluppo dai rioni al centro fino alle zone periferiche. Per ogni rione sono riportate informazioni sul suo sviluppo e gli edifici con la data di costruzione o ristrutturazione, presenti nella zona. Un libro che non può mancare nella biblioteca degli amanti dell'arte.

Street art in Rome: the murals

Il libro è scritto, come dice l'autore, nell'unico linguaggio comprensibile in tutto il mondo: la fotografia. Le immagini sono supportate dalla traduzione in lingua inglese quando ci sono rappresentate scritte in lingua italiana o laddove nel libro è necessario fornire indicazioni. Infatti i murales sono divisi per quartiere o zona di Roma e per ognuna è fornita una mappa e le indicazioni per raggiungerla con i mezzi pubblici. Nel libro ci sono oltre 260 opere tra le più belle e significative che potete vedere a Roma.

English

The book is written in a language readable by any person in the world: photography. It is also supported by English text when there are texts in photographs or pages of instructions in Italian text. Rome is an open air museum and in this book the most beautiful works of art, painted on the walls, are reproduced photographically and interpreted. The murals are identified by area or district, when their consistency in the area is significant, in other cases they are grouped in the miscellaneous section. Each area provides a road map that contents a largest number of murals and informations to reach the place via public transport or private.

Street art in Rome: the shutters

Questo libro è un tributo a Roma che è un museo a cielo aperto che, oltre ad esporre i monumenti, mostra migliaia di opere artistiche realizzate sulle saracinesche dei negozi. Opere che i tradizionali circuiti turistici non mostrano.

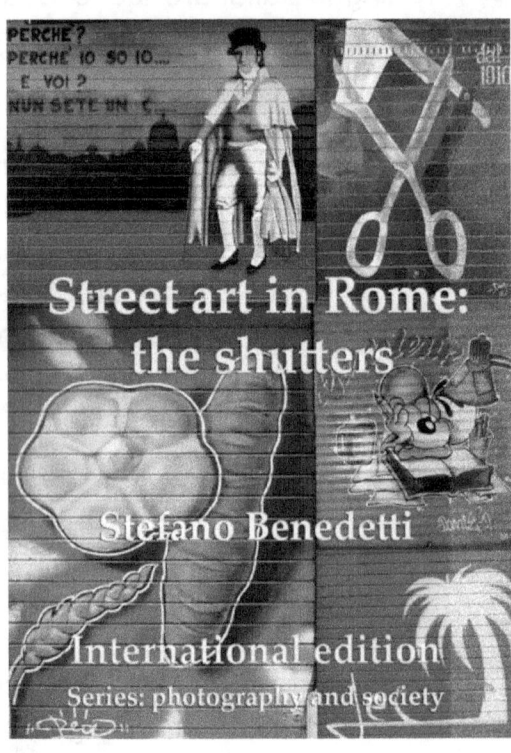

Nel libro sono raccolte oltre duecento opere tra le più belle e significative. Il libro è scritto nel linguaggio fotografico supportato da traduzioni in inglese laddove nelle immagini ci siano rappresentati testi in italiano.

English

A tribute to Rome, an open-air museum that consists in its monuments and also by thousands of works of art that traditional tourist circuits do not offer the chance to see. In this book are reproduced hundreds of works of art painted on the shutters of the shops. An unique art book, original that opens the eyes of an artistic innovative and high-level.

Pigneto Street Art

Il Pigneto è una zona di Roma ricca di opere di street art realizzate come murales o come dipinti sulle saracinesche dei negozi. Nel libro sono riportate oltre 200 opere scelte tra quelle più significative e interessanti. Il libro si apre con note sulla storia del Pigneto e con le indicazioni per raggiungere l'area da diverse zone di Roma con i mezzi pubblici. Sono riportate anche carte stradali del Pigneto in maniera tale che si possa suddividere la visita in più giorni. Se poi non si può venire di persona a Roma, il libro costituisce una splendida collezione di opere d'arte rappresentate in fotografie di alta qualità a colori.

San Lorenzo street art

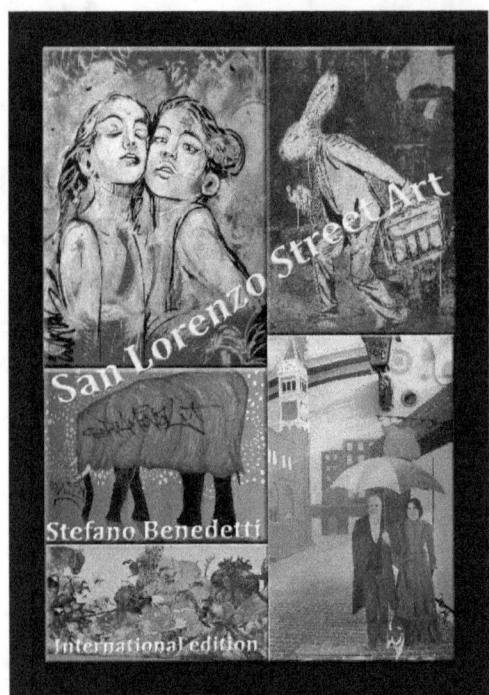

English:

San Lorenzo is a district of Rome. The area is rich in works of street art created on the walls or on shop shutters. The book contains the most beautiful works introduced with historical information about the neighborhood and how to get to the area by public transport from anywhere in the city. The book is written in three languages: photography, Italian and English. The book adds to the already extensive documentation of works of street art made by the author with other books.

Italiano:

San Lorenzo è un quartiere di Roma. La zona è ricca di opere di street art realizzate sui muri o sulle saracinesche dei negozi. Il libro raccoglie le più belle opere introdotte con notizie storiche sul quartiere e sul modo di raggiungere la zona con il trasporto pubblico da qualsiasi parte della città. Il libro è scritto in tre linguaggi: fotografia, italiano e inglese. Il libro aggiunge alla già vasta documentazione di opere di street art realizzata dall'autore con altri libri.

Fotografia: la storia dell'arte e dell'ingegno

L'avventura della fotografia attraverso i suoi protagonisti, le tecniche, le scoperte, le relazioni personali e sociali. Una storia che parte dalle prime intuizioni nel 5000 a. C e che lentamente si arricchisce di idee nuove e che nei primi decenni dell'ottocento vede produrre le prime immagini stabili nel tempo. 200 fotografie dell'epoca accompagnano i testi mostrando stili, tecniche e soggetti ritratti dai fotografi. La fotografia fin dall'inizio è stata caratterizzata dalla continua applicazione dell'ingegno umano, ma è stata ed è anche arte. La fotografia come documentazione oggettiva, la fotografia come imitazione dell'arte pittorica, ma sopra tutto fotografia come forma di espressione dell'artista. Il libro parla anche dei generi fotografici e movimenti artistici che sorsero attorno alla fotografia: dalla fotografia erotica alla fotografia spiritica, dal pittorialismo alla stereoscopia, in una girandola di invenzioni in un periodo in cui tutto era possibile. Un libro scritto con il cuore da un professionista della fotografia.

Fiabe per adulti

Fiabe per adulti perchè i bambini hanno fantasia per crearle da soli. Il libro è una raccolta di fiabe che trasportano in mondi fantastici evocando nel lettore sensazioni che vanno al di la delle pagine scritte. Le tecniche usate sono diverse: si va dalla fiaba breve a quelle più lunghe ma tutte hanno la prerogativa di far riflettere sognando ad occhi aperti.

Se il nero fosse bianco

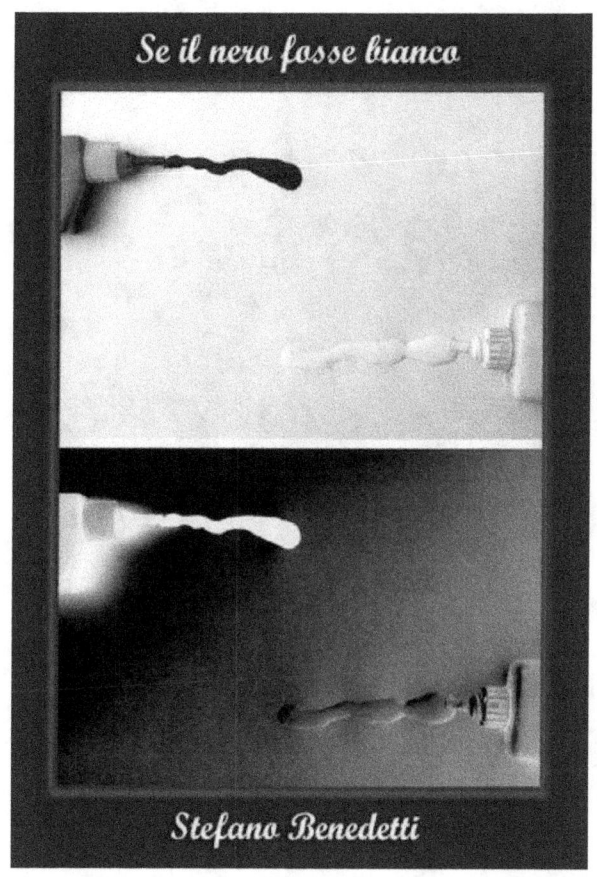

Un libro, unico nel suo genere, che spiega la sintassi e la composizione del linguaggio fotografico. L'esposizione è supportata da centinaia di fotografie, disegni, schemi e risulta chiara ed accessibile da chiunque. Gli argomenti trattati sono molteplici e investono quasi tutti i campi della fotografia amatoriale e professionale.

L'autore è un fotografo professionista con decenni d'attività che, nel tempo, gli hanno permesso di delineare un insieme di regole sintattiche e metodi di composizione.

Briciole di terra

Le parole sono come le briciole di terra che, finché restano sparse, sono desiderio solo di piccole creature, ma quando ben si amalgamano diventano campagne, valli, montagne, pianeti, universi.

Una raccolta di scritti inediti che spaziano fra poesia, prosa e canzone.

Krenf

Krenf è morto. Un libro dedicato alla sua vita nel quartiere latino a Roma dove per tanti anni ha vissuto. Krenf racconta, parla di se, dei suoi amici, dei suoi nemici, dei suoi pregiudizi razziali, delle sue idiosincrasie, dei suoi deliri religiosi, della rabbia che lo ha sempre animato rendendolo violento, arrogante, superbo. Un Krenf reale, diverso dalle sue eleganti apparenze, dalle sue garbate movenze, da quell'immagine stereotipata...

Fiabe dell'amore e del piacere

Parlare dell'amore e del piacere senza trascendere nell'accademico o invischiandosi in pornografia inutile, è impresa difficile. Soprattutto perché ognuno di noi in fondo, in fondo, ha dei preconcetti che non gli consentono di valutare in maniera totalmente obiettiva. Qualcuno leggendo questo titolo ha pensato ad un contenuto a luci rosse e mi ha chiesto se questo libro fosse adatto a tutte le età. La cosa certa è che ho provato a parlarne in maniera serena e sana senza sacrificare la verità

Allium, cioè proprietà farmacologiche, storia, coltivazione, ricette e benefici dell'aglio

Il primo libro della collana Alimentazione e benessere dedicato all'aglio. Il libro parte dalla presenza di questo prezioso alimento nella storia e nella letteratura per poi passare alle sue importanti proprietà farmacologiche. Altri parti del libro forniscono informazioni sulla

coltivazione della pianta e su come impiegarlo in cucina fornendo utili e dettagliate ricette di preparazione. Ci sono poi sezioni che integrano, nel quadro generale, informazioni varie siano esse di carattere scientifico o semplici curiosità sull'aglio. Il libro è scritto in maniera chiara, lineare e se c'è necessità di usare termini non comuni, questi sono spiegati.

Allium Cepa, cioè tutto quello che è utile sapere sulla cipolla

Il secondo volume della collana Alimentazione e benessere dedicato alla cipolla. Questo prezioso bulbo dalle molteplici proprietà farmacologiche è anche alimento diffuso e apprezzato in tutto il mondo. Il libro è una ricca fonte di informazioni: dalla sua presenza nella storia umana a quella nella letteratura, dalle proprietà farmacologiche ai metodi di assunzione per fini terapeutici, dalle ricette culinarie alle sagre dedicate alla cipolla, dai metodi di coltivazione alle malattie che possono colpire la pianta. Altri settori integrano questa visione globale su uno dei prodotti della terra davvero indispensabili per il benessere umano.

Malus domestica, cioè il pomo della conoscenza: la mela

Il quarto volume della collana Alimentazione e benessere dedicato alla mela. Un libro prezioso che esplora tutti gli aspetti di questo splendido frutto così importante per il benessere umano. Si parla della coltivazione dell'albero, delle proprietà fitoterapiche del frutto, delle tracce nella storia e nell'arte umana, delle molteplici varietà e di tante altre cose che direttamente o indirettamente riguardano il melo. Un libro da non perdere che va ad arricchire questa splendida collana.

Juglans Regia, cioè la ghianda di Giove più importante: la noce

Il terzo volume della collana Alimentazione e benessere dedicato alla noce. In questo volume sono esplorati tutti gli aspetti di questo importante frutto che contiene sostanze favorevoli al benessere del corpo e che è molto apprezzato dal punto di vista culinario. Il libro parte da una descrizione dell'albero per poi cercare le tracce della noce nella storia e nella letteratura umana. Quindi riporta i miti, le leggende e le superstizioni che hanno e che ancora circondano la noce. Non sono certo trascurati gli aspetti fitoterapici e benefici della noce così come non è trascurata la coltivazione. Le informazioni che potete trovare sono di molteplici generi: ricette, sagre e fiere, presenza negli stemmi comunali e delle famiglie, proverbi e modi di dire, la noce in tutte le lingue del mondo, varietà del noce e giochi antichi e attuali.

Poesie Proibite

Nel corso dei secoli, molte poesie sono state proibite. Tornare oggi a scriverne sembra un'azione senza senso. Eppure, nel periodo storico che stiamo vivendo, ci sono fatti e segnali che fanno temere che l'umanità stia lentamente scivolando nell'abisso della follia. Quindi è necessario per tenere desta la coscienza e l'attenzione delle persone scrivere poesie e non soltanto queste, che diano fastidio a quegli esseri che noi definiamo infami. Chi sono gli infami? Beh, questo è lungo da spiegare, stai a sentire...

Cameras estimates 1900-2000

A useful book to the collector, the amateur photographer, the antique dealer and the seller of cameras. In the book there are 2,200 assessments of cameras ordered alphabetically by manufacturer name. From index of the book you can go directly to the brand of interest.

Estimates are based on hundreds of thousands of offers in the market of antique cameras detected in Europe, America and Asia.

Le quotazioni di 2200 apparecchi fotografici

Versione in lingua italiana di Cameras estimates 1900-2000. Il libro contiene oltre 2200 stime di fotocamere ordinate alfabeticamente secondo il marchio. Le stime sono basate su una lunga indagine condotta in Italia, Europa, America e Asia volta a determinare una valutazione media dell'apparecchio. Dall'indice si accede direttamente al marchio che interessa. Insieme a questo libro che avete letto, risulta una guida utile e indispensabile per i collezionisti, gli antiquari e i rivenditori di materiale fotografico.

Camera lenses estimates

Over 1900 estimates of camera lenses products from 124 brands. The book has been doing research estimates in Italy, Europe and America. The evaluation has provided a range between a minimum and a maximum. The book, along with Cameras estimates 1900-2000, is a good reference point for the antiques market and that of the use of the photographic material. Collectors and sellers can in this way from a real value for the subsequent evaluation or negotiation. The book also shows the significance of the abbreviations used by producers and photographers.

Le stime degli obiettivi fotografici

La versione in lingua italiana del libro che i collezionisti, gli antiquari e i rivenditori di materiale fotografico hanno apprezzato in inglese. L'edizione 2016 in italiano contiene le stime di oltre 1900 obiettivi fotografici antichi o usati per 124 marchi. All'inizio del libro ci sono i significati delle abbreviazioni che i fotografi e i produttori usano. Il libro nasce da una lunga ricerca in Italia, Europa, America con la raccolta di milioni di dati che poi programmi creati apposta hanno analizzato al fine di ottenere una stima media reale per ogni obiettivo. Un libro che insieme a "Le quotazioni di 2200 apparecchi fotografici" diventa un serio punto di riferimento nelle valutazioni del materiale fotografico.

www.ingramcontent.com/pod-product-compliance
Lightning Source LLC
Chambersburg PA
CBHW060356190526
45169CB00002B/617